essentials

essentials liefern aktuelles Wissen in konzentrierter Form. Die Essenz dessen, worauf es als „State-of-the-Art" in der gegenwärtigen Fachdiskussion oder in der Praxis ankommt. *essentials* informieren schnell, unkompliziert und verständlich

- als Einführung in ein aktuelles Thema aus Ihrem Fachgebiet
- als Einstieg in ein für Sie noch unbekanntes Themenfeld
- als Einblick, um zum Thema mitreden zu können

Die Bücher in elektronischer und gedruckter Form bringen das Fachwissen von Springerautor*innen kompakt zur Darstellung. Sie sind besonders für die Nutzung als eBook auf Tablet-PCs, eBook-Readern und Smartphones geeignet. *essentials* sind Wissensbausteine aus den Wirtschafts-, Sozial- und Geisteswissenschaften, aus Technik und Naturwissenschaften sowie aus Medizin, Psychologie und Gesundheitsberufen. Von renommierten Autor*innen aller Springer-Verlagsmarken.

Weitere Bände in der Reihe https://link.springer.com/bookseries/13088

Marcel Linnemann · Robin Brockmann ·
Alexander Sommer · Ralf Leufkes

450 MHz – Frequenz für kritische Infrastrukturen

Vorteile und Nutzen für
Versorgungsunternehmen

 Springer Vieweg

Marcel Linnemann
Münster, Deutschland

Robin Brockmann
Herford, Deutschland

Alexander Sommer
Münster, Deutschland

Ralf Leufkes
Münster, Deutschland

ISSN 2197-6708   ISSN 2197-6716 (electronic)
essentials
ISBN 978-3-658-36537-0   ISBN 978-3-658-36538-7 (eBook)
https://doi.org/10.1007/978-3-658-36538-7

Die Deutsche Nationalbibliothek verzeichnet diese Publikation in der Deutschen Nationalbibliografie; detaillierte bibliografische Daten sind im Internet über http://dnb.d-nb.de abrufbar.

Planung: Dr. Daniel Fröhlich
Springer Vieweg ist ein Imprint der eingetragenen Gesellschaft Springer Fachmedien Wiesbaden GmbH und ist ein Teil von Springer Nature.
Die Anschrift der Gesellschaft ist: Abraham-Lincoln-Str. 46, 65189 Wiesbaden, Germany

Was Sie in diesem *essential* finden können

- Erläuterung der historischen Zusammenhänge aus energiewirtschaftlicher Sicht
- Erläuterung der technischen Grundlagen sowie Grenzen der Einsatzmöglichkeiten
- Hintergründe und Chancen zum Geschäftsmodell zur 450-MHz-Frequenz
- Ansätze zur Etablierung der 450-MHz-Frequenz im EVU

Schwerpunkt des Buches

Bei 450 MHz handelt es sich aus Sicht der Energiewirtschaft noch um ein recht neues Thema, welches vor allem durch die Frequenzvergabe der BNetzA an die 450connect GmbH in den Fokus der Branche gerückt ist. Gerade für Verantwortliche und Entscheider stellt sich daher die Frage, worum es genau bei dem Thema 450 MHz geht, wie 450 MHz technisch zu bewerten und im eigenen Unternehmen einzuordnen ist.

Die vorliegende Essential Ausgabe zum Thema 450 MHz in der Energiewirtschaft verfolgt daher das primäre Ziel, dem Leser einen tieferen Einblick in die Thematik zu geben. Dabei soll im ersten Schritt auf die historischen Hintergründe und die Entwicklung von 450 MHz eingegangen werden. Im zweiten Schritt erfolgt eine detailliertere Betrachtung aus technischer Sicht, bei dem die technologischen Eigenschaften genauer untersucht werden sollen. Hierzu zählen zum einen die potentiellen Einsatzszenarien von 450 MHz als auch die Bewertung der 450 MHz Technologie auf LTE-Basis gegenüber bereits bestehenden Funk-Technologien wie z. B. LoRaWAN oder dem klassischen Mobilfunk. Ebenso soll in diesem Zusammenhang auf die technologischen Grenzen von 450 MHz eingegangen werden, um den Einsatzrahmen genauer eingrenzen zu können.

Neben der technologischen Betrachtung erfolgt eine Darstellung des Geschäftsmodells rund um 450 MHz. Dabei geht es vor allem um die Frage, wie das eigene Unternehmen 450 MHz nutzen und sich aktiv beim Netzaufbau bzw. Betrieb beteiligen kann. Außerdem erfolgt eine detaillierte Betrachtung der Wertschöpfungskette, um den Beitrag von 450 MHz für das eigene Unternehmen besser bewerten zu können.

Im Anschluss erhält der Leser erste Informationen bzw. Ansätze wie das Thema 450 MHz im eigenen Unternehmen etabliert und aufgebaut werden kann und welche Besonderheiten bei der IT-Infrastruktur zu berücksichtigen sind.

Abschließend erfolgt eine Bewertung in Form eines Fazits, welches dem Leser die wichtigsten Informationen rund um das Thema 450 MHz zusammenfasst.

Das Buch bietet dem Leser somit eine schnelle Einführung in die Thematik 450 MHz in der Energiewirtschaft. Ein akademischer Anspruch wird mit diesem Buch nicht erhoben, vielmehr soll das Buch Entscheider bei einer Bewertung von 450 MHz für das eigene Unternehmen unterstützen. Einzelne energiewirtschaftliche Themen wie z. B. die Herausforderungen des Smart Meter Rollouts oder energiewirtschaftliche Begriffe werden in diesem Buch vorausgesetzt. Nichtsdestotrotz sollte ein Großteil des Buches so formuliert sein, dass sich selbst ein Leser mit wenigen Vorkenntnissen in dem Buch zurechtfinden sollte.

Und nun wünschen wir Ihnen viel Freude bei der Lektüre des Werkes. Bei Fragen oder potentiellen Anregungen zu dem vorliegenden Werk können Sie die Autoren über iti@itemsnet.de kontaktieren.

Münster   Marcel Linnemann
August 2021   Robin Brockmann
                                                          Alexander Sommer
                                                              Ralf Leufkes

Inhaltsverzeichnis

Abbildungsverzeichnis

Effizienz und Nachhaltigkeit gewinnen in der Energiewirtschaft immer mehr an Bedeutung. Dabei bilden technischen Neuerungen, die beinahe täglich neue Möglichkeiten der Optimierung bieten, eine wichtige Basis. IT-gestützte Geschäftsmodelle stehen dabei im besonderen Fokus, da sich mit ihnen Nutzverhalten und Akzeptanz analysieren und ökonomisch bewerten lassen. In der Energiewirtschaft sind Smart Grid oder Smart Home prominente Beispiele, aber auch in der Industrie können durch Innovation Energieeinsparungen und ökonomische sowie ökologische Ziele verfolgt werden. Einem Energienetzbetreiber obliegt die Grundversorgung privater und geschäftlicher Endkunden. Er transportiert leitungsgebundene Energieträger wie Strom, Gas, Fernwärme oder Trinkwasser über eine Infrastruktur bis hin zum Verbraucher. Da sich dieses Schema nicht mehr nur in eine, sondern durch den Einsatz regenerativer Energien und neuer Nutzerprofile in beide Richtungen bewegt, müssen Versorgungsnetze zur Versorgungssicherung intelligent werden. Dabei nimmt die Informationsdichte wie auch Komplexität innovativer und zukunftssicherer Versorgungsnetze drastisch zu. Typische Anwendungen dafür sind das Steuern, Regeln, Überwachen, Analysieren und Auswerten aller Netzkomponenten bis hin zum Verbraucher selbst. Für jede Anwendung gibt es zahlreiche Informationsflüsse, welche für den Netzbetreiber von großem Nutzen sind, ihn jedoch auch angreifbar macht. Eine der sensibelsten Systeme in der Energiewirtschaft sind die intelligenten Energienetze. Dabei handelt es sich um komplexe Systeme, welche im Sektor Strom in Stromerzeugung, der Stromübertragung, der Stromverteilung und dem Stromverbrauch zu unterteilen sind. Durch die Einführung des Messstellenbetriebsgesetzes im Jahr 2016, aber auch steigende Anforderungen wie Energieauslastungsanalysen von Einspeisern und Verbrauchern, verändern sich nicht nur die Rollen und Prozesse der Energienetzbetreiber, sondern nötigen auch technisch die Innovation der bestehenden Netze. Die Anforderung an ein intelligentes Netz wird nicht zuletzt vor allem aus politischer Sicht vorangetrieben. Das Bundesministerium für Wirtschaft und Energie (BMWi) forderte mit dem sogenannten „7 Eckpunktepapier" den Einsatz moderner Messeinrichtungen, um eine sichere und effiziente Kommunikation im Energienetz zu ermöglichen. Die damit verbundenen Ziele stellen sowohl eine Steigerung des Wettbewerbs unter Stromanbietern als auch eine Effizienzsteigerung im Netzbetrieb durch die Regelung von Erzeugern und Verbrauchern dar [1, 2].

Um diese Anforderungen des BMWi für einen sicheren und effizienten Betrieb von Energieinfrastrukturen zur Umsetzung der Energiewende hin zu einem dekarbonisierten Zeitalter umzusetzen, bedarf es einer Technologie zur Sicherstellung der Datenübertragung. Erst so werden ein Überwachen, ein Steuern und ein Optimieren eines Energienetzes insbesondere in der Fläche möglich. Hier setzt die Energiewirtschaftsbranche auf die Funkfrequenz 450 MHz. Bei dem Thema 450 MHz handelt es sich aus energiewirtschaftlicher Sicht um ein noch recht junges Thema, welches sich erst seit 2021 in der flächendeckenden Umsetzung befindet. Konkret handelt es sich dabei um mehrere Frequenzbänder, die sich im 450 MHz Frequenzbereich befinden und speziell für kritische Infrastrukturen eingesetzt werden sollen. Dabei treibt die Branche der Bedarf nach einer sicheren und robusten Technologie, welche für die Digitalisierung kritischer Infrastrukturen wie z. B. Stromnetzen eingesetzt werden kann. Ein wesentlicher Treiber stellt der flächendeckende Rollout intelligenter Messsysteme (iMSys) nach dem Messstellenbetriebsgesetz (MsbG) dar [3]. Im Gegensatz zu konventionellen Zählern, werden die modernen Messeinrichtungen (mME) mit einem Kommunikationsgerät, Smart Meter Gateway genannt (SMGW), verbunden. Hierdurch erfolgt eine Übertragung der Messwerte automatisiert an die berechtigten Marktakteure.

Hinzu kommt das Ziel des Gesetzgebers, in Zukunft auch Schaltvorgänge für Erzeugungsanlagen und abschaltbare Lasten über das iMSys durchzuführen. Aus diesem Grund ist eine sichere Kommunikation zu den Erzeugungsanlagen erforderlich, die gegen unerwünschte Einflüsse wie z. B. Cyber Angriffen resistent ist. Auch im Falle eines Blackouts kann die eigene Kommunikationsinfrastruktur dazu beitragen, Assets und Systeme über einen längeren Zeitraum zur Verfügung zu stellen. Allerdings müssen Anlagen von Privatkunden nach dem EEG nicht die Anforderungen zur Einhaltung der Schwarzstartfähigkeit erfüllen. Anders sieht dies für abschaltbare Lasten aus, welche über einen CLS-Kanal (Controllable-Local-System) gesteuert werden. Hier wäre der Einsatz eines 450 MHz Routers eine mögliche Option [4–6].

Zur Erfüllung der gegebenen Anforderungen sah die Energiewirtschaft einen Bedarf für eine funktechnische Kommunikationslösung, welche sowohl eine sichere und zuverlässige Verbindung zum intelligenten Messsystem zur Verfügung stellt, als auch im Falle eines Netzausfalls als Kommunikationsmedium genutzt werden kann. Außerdem kann auch weitere Sensorik und Aktorik in kritischen Infrastrukturen angebunden werden, um die Transformation der Infrastrukturen zur Erreichung der Klimaziele umzusetzen. Die 450 MHz Frequenz soll demnach nicht nur auf den Einsatz intelligenter Messsysteme beschränkt sein, sondern eine Vielzahl kritischer Anwendungen bedienen. Hierbei ist anzumerken, dass keine Einsatzpflicht der 450 MHz Funkfrequenz für die Anbindung von iMSys besteht. Vielmehr ist der Rollout als Treiber für das Thema 450 MHz zu verstehen [3, 6].

Durch die parallele Einführung von Informationssicherheitsmanagementsystemen innerhalb von EVU, dem stetigen Ausbau und der Notwendigkeit der Steuerung von Erneuerbarer Energien sowie den neuen gesetzlichen Anforderungen zum Schutz kritischer Infrastrukturen wurde der Ruf der Branche nach einer eigenen Kommunikationstechnologie lauter. Diese sollte robust, echtzeitfähig sein sowie über eine hohe Reichweite verfügen. Da die Kommunikationslösung über die 450 MHz Frequenz genau diesen Ansprüchen genügt und bislang in Deutschland kaum genutzt wurde, hat sich die Funkfrequenz zur Umsetzung dieser Anforderungen angeboten [3].

Durch die Potenziale von 450 MHz als sicheres Übertragungsmedium, das sich auch zur Notfallkommunikation eignet, nahm der Aufbau von Testinfrastrukturen in den Jahren von 2018 bis 2020 zu. Der flächendeckende Rollout wurde in diesem Zeitraum noch nicht angestrebt, da allen Akteuren das Auslaufen der Frequenzrechte zum 31.12.2020 sowie die anstehende und noch unklare Neuvergabe allzu bewusst war [3].

Das Bewusstsein für den Bedarf nach einer sicheren Kommunikationsinfrastruktur stieg in diesem Zeitraum jedoch nicht nur bei der Energiewirtschaft, sondern auch bei weiteren Behörden und Organisationen mit Sicherheitsaufgaben (BOS) und der Bundeswehr. Hinzu kamen weitere Marktakteure, wie die deutsche Telekom, die ebenfalls Interesse an der Frequenz anmeldeten [3].

Zur Bündelung der eigenen Interessen schloss sich die 450Connect GmbH, welche die Lizenzrechte zur Nutzung von 450 MHz inne hatte, mit weiteren Marktakteuren zusammen, um gemeinsam gegenüber der BNetzA den Bedarf an einer solchen Frequenz zu untermauern. Die Versorger Allianz (VA) stellt dabei einen eigenständigen Zusammenschluss mehrerer Stadtwerke da. Ein direkter Zusammenschluss mit 450connect bestand somit nicht, erst heute ist die VA zusammen mit Alliander, E.ON und einem Konsortium kommunaler Regionalversorger mit jeweils 25 % Anteilseigner von 450connect [3, 7].

Abb. 1.1   Historie von 450 MHz in der Energiewirtschaft bis zur Frequenzvergabe. (© items GmbH)

Unterstützt durch weitere energiewirtschaftliche Verbände wie dem BDEW beschloss die BNetzA am 16.11.2020 eine Umwidmung des 450 MHz Frequenzbandes zur vorangingen Nutzung im Energiesektor. Die Zuteilungsgebühr wurde auf 113 Mio. € festgelegt. Daraufhin hatten alle interessierten bis zum 18.12.2020 Zeit, sich auf die Frequenz für den Aufbau eines deutschlandweiten 450 MHz Funknetzes zu bewerben. Am 09. März 2021 erteilte die Bundesnetzagentur den Zuschlag für die 450 MHz Frequenzen an die 450connect GmbH (vgl. Abb. 1.1).

„Der Zuschlag stellt die Weichen für die Digitalisierung der Energie- und Verkehrswende. Aufgrund der guten Ausbreitungseigenschaften bieten sich die 450 MHz-Frequenzen an, um kosteneffizient ein funktionsfähiges, ausfallsicheres Funknetz aufzubauen", sagt Jochen *Homann*, Präsident der Bundesnetzagentur [16].

Mit der Frequenzvergabe wird das Recht/die Lizenz eingeräumt, ein bundesweites Funknetz aufbauen zu dürfen und Dritten das Netz als Dienstleistung zur Verfügung zu stellen. Der Dienstleistungsfokus ist jedoch größtenteils auf kritische Infrastrukturen wie z. B. die Stromnetze beschränkt. Die grundlegenden Definitionen, welche Bereiche zu den kritischen Infrastrukturen gehören, sind bereits vor einigen Jahren in der Verordnung zur Bestimmung kritischer Infrastrukturen (KritisV) definiert worden [3, 8].

Jedoch ist mit dem reinen Aufbau eines 450 MHz Funknetzes die Umsetzung eines intelligenten Netzes zur Integration von Erneuerbaren Energien-Anlagen oder flexiblen Verbrauchern noch lange nicht realisiert. Vielmehr stellen sich in der Betrachtung des gesamten Prozesses nun die Fragen nach den notwendigen Prozessen, der erforderlichen IT-Architektur und an welchen Stellen die Daten zu integrieren sind. Auch wenn der Aufbau eines deutschlandweiten Netzes sicherlich noch 3 bis 5 Jahre in Anspruch nehmen sollte, stellt sich bereits jetzt die Frage, wie 450 MHz sinnvoll im eigenen Unternehmen zu integrieren ist. Hierbei ist zu berücksichtigen, dass bereits bestehende IT-Infrastrukturen und Systeme auf für die Integration von 450 MHz genutzt werden sollten.

450 MHz: die Technik

2

2.1 Technische Einordnung

Allgemein betrachtet handelt es sich bei 450 MHz lediglich um eine Frequenz bzw. einen Frequenzbereich. Wie es der Name zu Anfang vermuten lässt, wurde mit der Frequenzvergabe von 450 MHz nicht nur eine einzelne Lizenz an die 450connect zugeteilt. Stattdessen umfasst die 450 MHz mehrere Frequenzbänder. Insgesamt handelt es sich um folgende Frequenzbänder [3]:

- Band 31 – UL 452,5–457,5 MHz/DL 462,5–467,5 MHz
- Band 72 – UL 451,0–456,0 MHz/DL 461,0–466,0 MHz
- Band 73 – UL 450,0–455,0 MHz/DL 460,0–465,0 MHz

„Voraussetzung für den Einsatz moderner Mobilfunktechnologien in einem Frequenzband ist die Standardisierung bei 3GPP (3rd Generation Partnership Project)[1], einer weltweiten Kooperation von Standardisierungsgremien, in dem sieben internationale Standardisierungsorganisationen, einschließlich ETSI (European Telecommunications Standards Institute) aus Europa vereint sind. Das 3GPP hat unter Federführung der 450connect mit Band 31, Band 72 und Band 73 drei Standardfrequenzbereiche im 450MHz-Frequenzband definiert. Jedes dieser Bänder ermöglicht jeweils im Up- und Downlink bis zu 5 MHz breite Kanäle. Im Band 72, das den Frequenzzuteilungen in den meisten mitteleuropäischen Ländern entspricht, liegt der Uplink, d. h. die Kommunikation von Endgerät zur Basisstation, zwischen 451 und 456 MHz, der Downlink zwischen 461 und 466 MHz. Damit ist das 450MHz-Frequenzband das einzige

---

[1] Dabei handelt es sich um eine weltweite Kooperation von Standardisierungsgremien im Mobilfunk.

© Der/die Autor(en), exklusiv lizenziert durch Springer Fachmedien Wiesbaden GmbH, ein Teil von Springer Nature 2022
M. Linnemann et al., *450 MHz – Frequenz für kritische Infrastrukturen*, essentials, https://doi.org/10.1007/978-3-658-36538-7_2

für moderne Mobilfunktechnologie global standardisierte Frequenzband unterhalb der von den großen Mobilfunknetzbetreibern genutzten Frequenzen in den Bereichen zwischen 700 MHz und 3,5 GHz" [17].

Die zu Beginn eingesetzte Technologie CDMA[2], soll aber im Zuge des nun anstehenden flächendeckenden Rollouts in Deutschland durch den LTE-Standard[2] ersetzt werden. Aus diesem Grund kann 450 MHz mit den Eigenschaften eines normalen 4G-Funknetzes verglichen werden. Daher wird im vorliegenden Buch immer von einem 450 MHz Netz auf LTE Basis ausgegangen. Die alte Technologie auf CDMA Basis wird vernachlässigt. Für eine deutschlandweite Abdeckung plant die 450connect GmbH mit einem Ausbau des Netzes von ca. 1600 Funkstandorte bis Ende 2024. Ein Großteil der Standorte soll durch die EVU selbst gestellt werden. Für die Standortbereitstellung erhalten die EVU eine finanzielle Vergütung. Im Gegenzug sind die technischen Mindestanforderungen der 450connect GmbH an die Funkstandorte einzuhalten [9, 10].

Durch den Betrieb auf dem 450 MHz-Frequenzband ist die Funkfrequenz den Flächenfrequenzen zu zuordnen. Diese zeichnen sich im Allgemeinen durch eine gute Gebäudedurchdringung und hohe Reichweite aus. Das Frequenzband liegt sogar noch unterhalb des 868-MHz Frequenzbandes, welches für andere IoT-Netze wie z. B. LoRaWAN genutzt wird. Natürlich ist die mögliche Datenrate nicht mit einem 5G Netz, welches Frequenzbänder im Gigahertzbereich verwendet, zu vergleichen [10].

Unter einem historischen Blickwinkel der Funktechnologien stellt die Nutzung der 450 MHz Funkfrequenz noch eine recht neue Entwicklung in Deutschland dar. Insgesamt lag der Fokus der Kommunikationstechnik mit der ersten Etablierung des D-Netzes 1992 in Deutschland bis zur Weiterentwicklung des klassischen 4G-Netzes auf der Verbindung von Menschen zur Sicherstellung der Kommunikation. Lediglich die Art der Kommunikation veränderte sich mit der Weiterentwicklung vom 2G zum 4G Netz. Stand zu Beginn die reine Telefonie im Vordergrund, kamen zusätzliche Anwendungen, wie das mobile Internet, der Austausch von E-Mails, Kurz- und Sprachnachrichten sowie Videos hinzu. Das Anbinden, Monitoren oder Steuern physischer Assets stand bis zu diesem Zeitpunkt eher im Hintergrund. Durch die zunehmende Bedeutung von Internet of Things Anwendungen und der Etablierung sog. LPWAN-Netze[3] wie z. B. LoRaWAN-Netzen im Jahr 2016 erweiterte sich der Fokus von der Verbindung von Menschen hin zur Vernetzung von Dingen sowie deren Überwachung und

---

[2] Verfahren zur gleichzeitigen Übertragung von Datenströmen auf einem gemeinsamen Frequenzbereich.

[3] LPWAN: Low Power Wide Area Network, d. h. optimiert auf niedrigen Energieverbrauch.

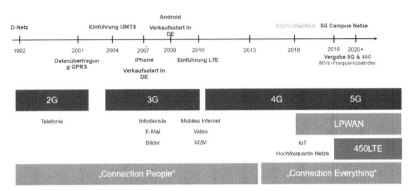

Abb. 2.1 Historische Entwicklung der Funktechnologien

Integration in Prozessen. Genau in dieses Ziel reiht sich auch 450 MHz ein. Es geht nicht ausschließlich darum dem EVU ein krisensicheres Kommunikations- netz für die eigenen Betriebsprozesse zur Verfügung zu stellen, vielmehr soll die Funkfrequenz zur Vernetzung von Assets im Energieversorgungsbereich verwen- det werden. Hierdurch können bessere Transparenz und effizientere Steuerung sichergestellt werden (vgl. Abb. 2.1). Das Wort Asset wird in diesem Zusam- menhang als Synonym für Dinge, also eine Vielzahl von physischen Objekten, verwendet. Hierzu können u. a. iMSys, Transformatoren, Kabelverteilerschränke, Ladepunkte, Gasdruckregelanlagen, Fernwärmestationen und noch viele weitere Objekte zählen [10, 11].

▶ **Datenübertragung im 450 MHz Netz am Beispiel des iMSys** Wie bei vielen anderen Funkfrequenzen dient 450 MHz als Kommunika- tionstechnik zur funkbasierten Übertragung von Daten. Am Beispiel eines iMSys gelangen die verschlüsselten Daten per SMGW über die Luftschnittstelle zum Funkmast und werden Richtung Zentraltechnik (Core) weitergeleitet. Bis zu diesem Punkt handelt es sich um das Radio-Access-Network (RAN). Das RAN übernimmt hierbei die Auf- gabe der Netzabdeckung, dem Verbindungsaufbau zum Endgerät, der Datenverschlüsselung, sowie dem Weiterleiten der Daten Richtung

Zentraltechnik. Nach der Datenaufbereitung innerhalb der Zentraltechnik werden die Nutzdaten folglich in die Zielsysteme weitergeleitet. Die sensiblen Zählerdaten der intelligenten Messsysteme können
ausschließlich vom zuständigen Marktakteur entschlüsselt werden
[19]. Hier eine beispielhafte Darstellung einer Kommunikationsverbin-
dung von 450 MHz:

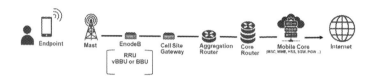

2.2   Das Anforderungsdreieck der Übertragungstechnik

Gilt es einen Anwendungsfall auf Basis einer Kommunikationsinfrastruktur
umzusetzen, ist die Wahl der für diesen Anwendungsfall passenden Kommunikationstechnik von entscheidender Bedeutung. Zur Einordnung und Bewertung aller
Funktechnologien ist es wichtig zu verstehen, welchen Restriktionen und Anforderungen eine Funktechnologie standhalten muss. Daher soll in diesem Kapitel
auf die allgemeinen Grundlagen von Funktechnologien eingegangen werden, um
im späteren Verlauf des Buches einen Technologievergleich von 450 MHz auf
LTE Basis mit anderen Funktechnologien durchführen zu können. Grundlage
hierfür ist das magische Dreieck der Übertragungstechnik. Demnach hat eine
Funktechnik drei zentrale Eigenschaften zu erfüllen (vgl. Abb. 2.4), welche sich
in einem Spannungsverhältnis zueinander befinden [12]:

Energieverbrauch
Jede Funktechnologie sollte möglichst wenig Energie für den eigenen Betrieb ver-
brauchen. Dies gilt vor allem für die Sensorik, welche auf dem Frequenzband
der Funktechnologie funkt. Ein niedriger Energieverbrauch bietet den Vorteil einer
batteriebetriebenen Sensorik, welche nicht auf einen externen Stromanschluss ange-
wiesen ist. Hierdurch sinken die Aufwände der Montage. Die Spannungsversorgung
der Sensorik ist auch bei einem Stromausfall gesichert. Allerdings ist somit ein

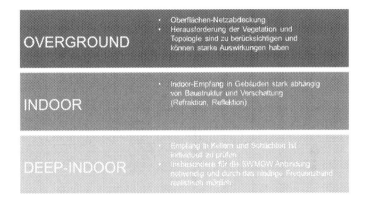

Abb. 2.2 Klassifizierung von Netzabdeckungen

Austauschen der Batterie erforderlich. Im besten Fall entspricht die Batterielebensdauer der Lebensdauer der Sensorik, sodass eine Wartung bzw. ein Austausch nicht notwendig sind [10, 12].

Reichweite
Das zweite wesentliche Kriterium stellt die Reichweite dar. Wünschenswert ist eine besonders hohe Reichweite, sodass nur eine geringe Anzahl von Funkstandorten erforderlich ist. Verbunden mit der Reichweite ist die Gebäudedurchdringung. Diese kann in die drei Kategorien Overground, Indoor und Deep-Indoor unterteilt werden (vgl. Abb. 2.2). Im Rahmen der Errichtung eines Funknetzes ist es wichtig zu definieren, welche Art von Netzabdeckung erforderlich ist. Sollen lediglich Assets im Außenbereich verbunden werden, so genügt eine Overground Abdeckung. Da viele Assets jedoch oft auch in Gebäuden (Indoor) oder im Keller (Deep-Indoor), wie es z. B. bei iMSys der Fall ist, angebunden werden sollen, stellt die Gebäudedurchdringung verbunden mit der Reichweite ein entscheidendes Kriterium dar [10, 12].

Datenrate
Neben einem geringen Energieverbrauch und einer hohen Reichweite sollte eine Funktechnologie die Übertragung von hohen Datenraten unterstützen [10, 12].
Die Einhaltung aller drei Ziele aus einem niedrigen Energieverbrauch, einer hohen Reichweite und Datenrate ist jedoch nicht möglich. Vielmehr stehen die Ziele in einem konkurrierenden, konträren Verhältnis. Eine hohe Reichweite ist

vor allem abhängig zur Wellenlänge der Funktechnologie. Langwellige Funktechnologien wie z. B. 450 MHz erzielen eine deutlich höhere Reichweite und haben eine bessere Gebäudedurchdringung als kurzwelligere Funktechnologien. Auf der anderen Seite haben kurzwelligere Funktechnologien eine höhere Datenrate. Ähnlich verhält es sich mit dem Energieverbrauch. Um eine möglichst energiesparende Betriebsweise umzusetzen, verbunden mit einer hohen Reichweite wie es bei IoT-Netzen erforderlich ist, kann nur eine geringe Datenrate übertragen werden. Die Auswahl der Funktechnologie ist somit immer abhängig von den Anforderungen aus Energieverbrauch, Reichweite und der Datenrate (vgl. Abb. 2.3). Hieraus lässt sich die Aussage ableiten: Es gibt keine Funktechnologie die alle Anforderungen eines EVU löst. Vielmehr ist davon auszugehen, dass der Einsatz mehrerer Funk- bzw. Kommunikationstechnologien erforderlich ist [10, 12].

Insgesamt ist unter Funktechnologien zwischen den Heimlösungen (LAN), den Mobilfunklösungen (Cellular) und den IoT-spezifischen Funklösungen wie LPWAN-Netzen zu unterscheiden. Während Heimlösungen sich mit der WLAN- oder Bluetooth-Technologie auf kleine örtlich begrenzte Bereiche konzentrieren, legen Mobilfunk- und IoT-Funknetzlösungen ihren Schwerpunkt auf die Flächennetzabdeckung. Der Energiebedarf von Sensorik im Mobilfunkbereich liegt jedoch deutlich oberhalb der von LPWAN-Netzen. Letztere übertragen somit wesentlich geringere Datenmengen und sind i. d. R. nicht Echtzeitfähig. Die 450 MHz Funkfrequenz auf LTE Basis selbst ist dem Bereich Cellular zuzuordnen [10, 12].

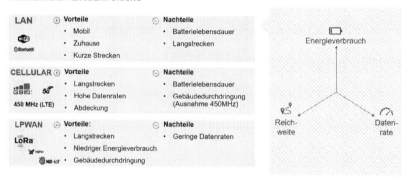

Abb. 2.3 Technologievergleich der unterschiedlichen Konnektivitätstechnologien. (© items GmbH)

2.3 Stärken des Frequenzbandes

Für die Sicherstellung einer erfolgreichen und sicheren Realisierung eines Notfallkommunikationsnetzes und Teil eines Smart Grids, hat die 450 MHz Frequenz eine Vielzahl von Stärken, auf welche im Folgenden genauer eingegangen werden soll (vgl. Abb. 2.4):

Flächenversorgung
Durch den Betrieb auf dem 450 MHz Frequenzband zählt 450 MHz zu den sog. Flächenfrequenzen. Da Energieinfrastrukturen wie z. B. Stromnetze sich über das gesamte Versorgungsgebiet eines EVU verteilen, ist eine ausreichende Flächenversorgung von existenzieller Bedeutung. Mit der Bereitstellung eines deutschlandweiten Netzes und der Möglichkeit selbst eigene Standorte einzubringen ist eine ausreichende Basis gelegt [3, 10, 15].

Gebäudedurchdringung
Neben der Flächenversorgung zeichnet sich das 450 MHz Funkfrequenzband, aufgrund der Wellenlänge, mit einer guten Gebäudedurchdringung aus. Gerade zur Anbindung von iMSys, welche sich oft in Kellern und gut gesicherten Zählerschränken befinden, sind diese Eigenschaften eine essenzielle Voraussetzung zur Sicherstellung der Konnektivität [10, 15].

Abb. 2.4 Stärken des 450 MHz Frequenzbandes

Anwendungspriorisierung bzgl. Kritikalität
In der Anwendungspriorisierung liegt ein wesentlicher Vorteil. Im Gegensatz zu
anderen Funkfrequenzen ist das 450 MHz Frequenzband nicht öffentlich nutzbar,
sondern lizensiert. Dies stellt einen großen Unterschied z. B. zu LPWAN Technologien wie LoRaWAN dar, weil jeder unter Einhaltung eines Duty Cycles das
868 MHz Frequenzband nutzen darf. Das Risiko einer Frequenzstörung und Netzüberlastung ist durch die Lizensierung und Priorisierung somit wesentlich geringer
[15].

Frequenzband unterstützt LTE basierte Technologie
Durch die Eigenschaften eines LTE-Netzes eignet sich das 450 MHz Netz als krisensicheres Kommunikationsnetz im Katastrophenfall. Durch die Notstromversorgung
der Gatewaystandorte ist ein Weiterbetrieb des Netzes über mehrere Tage, auch im
Falle eines Blackouts, sichergestellt [15].

Höhere Sicherheit durch den eingeschränkten Nutzerkreis
Aufgrund der Lizensierung und der Einschränkungen des Nutzerkreises für kritische
Infrastrukturen ergibt sich laut 450connect eine erhöhte Sicherheit. Grundsätzlich
ist das Risiko eines Störangriffs nicht geringer, allerdings ist mit einer geringeren
Netzüberlastung und Verletzung technischer Standards durch die niedrigere Anzahl
an Nutzern zu rechnen [10, 15].

Langfristige Verfügbarkeit des Frequenzbandes
Durch die frische Vergabe des Frequenzbandes und aufgrund der Widmung für
Anwendungen kritischer Infrastrukturen ist auf jeden Fall von einer langfristi-
gen Nutzung auszugehen. Durch die direkte, finanzielle Beteiligung von EVU am
Aufbau der Infrastruktur ist außerdem mit einem langfristigen Engagement und
entsprechender Verfügbarkeit zu rechnen [15].

2.4   Technologievergleich

Der Aufbau und die Nutzung von Kommunikationsnetzen in der Energiewirtschaft haben in den letzten Jahren zunehmend an Bedeutung gewonnen. Oft
stehen Entscheider daher vor der Fragestellung, welche Funktechnologie für das
eigene EVU am besten geeignet ist. Neben der Nutzung der 450 MHz Funk-
frequenzbänder auf Basis der LTE-Technologie richtet sich der Vergleich vor

allem auf die Technologie LoRaWAN, welche bereits von vielen EVU aufgebaut, betrieben und ausgebaut wird. Eine weitere Vergleichstechnologie ist die 5G Technologie, welche bereits seit einigen Jahren als neuer, zukünftiger Meilenstein der Kommunikationstechnologie beworben wird. Im Folgenden sollen zur Veranschaulichung diese drei Technologien in ihren technologischen Eigenschaften verglichen werden (vgl. Abb. 2.5 und 2.6):

	450 MHz	LoRa	5G
Frequenz	450 MHz	866 MHz	3,7-3,8 GHz
Deep-Indoor	sehr hoch	sehr hoch	gering
Reichweite (Oberfläche)	Städtisch: 2-5km Ländlich: >10 km	Städtisch: 2-5km Ländlich: >10 km	0,15 km – 1,5 km
Datenrate (Downlink)	10-30 MBit/s	< 0,01 MBit/s	200 – 500 MBit/s
Datenrate (Uplink)	10-20 MBit/s	< 0,005 MBit/s	100 – 200 MBit/s
Latenzzeit	10-50 ms	900 - 1800 ms	< 10 ms
Lizenzmodell	geschlossen	offen	geschlossen
Stromverbrauch	hoch	Sehr gering	hoch

Abb. 2.5   450 MHz Technologievergleich Teil 1

	450 MHz	LoRa	5G
Batteriebetrieb	Nicht möglich	möglich	Nicht möglich
Ende-zu-Ende Verschlüsselung	Siehe Kapitel 2.5	AES 128-Bit	-
Kategorie	LTE	LPWAN	LTE (5G)
Hardwareökosystem	In Entwicklung (spez. Use-Cases)	Großes Umfeld (große Use Case Bandbreite)	In Entwicklung (k.A.)
Einsatzszenarien	Kritische Infrastruktur / Notfallkommunikation	Smart City / Energieinfrastrukturen	Echtzeitautomatisierung
Geschäftsmodell	Netz as a Service	Frei wählbar	k.A.
Anbieter	450 connect	offen	Telekom & Co.

Abb. 2.6   450 MHz Technologievergleich Teil 2

Frequenz

Alle Technologien nutzen vollkommen unterschiedliche Frequenzbänder. Sowohl
450 MHz als auch LoRaWAN sind mit ihren Frequenzbändern den Flächenfrequenzen zuzuordnen, während 5G im Gigahertz Bereich mit hohen Datenraten unter den
Kapazitätsfrequenzen einzuordnen ist [10, 12].

Deep-Indoor

Durch die Differenzierung in Flächen- und Kapazitätsfrequenzen ergibt sich im
Technologievergleich ebenfalls ein großer Unterschied in der Qualität der Gebäudedurchdringung. Hier sind die 450 MHz und die LoRaWAN Technologie etwa
gleich zu bewerten. 5G mit einer deutlich kürzeren Wellenlänge eignet sich hingegen nicht für die Durchdringung von Gebäuden über eine große Distanz [10,
12].

Reichweite

Die Technologien LTE450 und LoRaWAN erreichen in Anhängigkeit von ihrer
niedrigen Frequenz eine deutlich höhere Reichweite im Vergleich zu 5G. Jedoch ist
die tatsächliche Reichweite stark abhängig von den topologischen Gegebenheiten.
Im städtischen Raum kann von einer Reichweite zwischen 2 bis 5 km ausgegangen
werden, während im ländlichen Raum Reichweiten von über 10 km (Overground)
möglich sind. 5G Netze kommen hingegen nur auf Reichweiten von 0,15 bis 1,5 km
[10, 12].

Datenrate

Die Höhe der Datenrate ist bei allen Technologien sehr unterschiedlich. Für
450 MHz beträgt diese in Abhängigkeit von der Anzahl der Endgeräte innerhalb
einer Funkzelle zwischen 10 bis 30 Mbit/s im Downlink und 10 bis 20 Mbit/s im
Uplink. Die Datenrate ist somit ausreichend, um z. B. das Einspielen eines Updates
für ein iMSys sicherzustellen; über LoRaWAN ist das nicht möglich. Hier beträgt
die Datenrate, aufgrund der sehr schmalbandig Technologie, 0,01 Mbit/s im Downlink und 0,005 Mbit/s im Uplink. Die höchste Bandbreite stellt die 5G Technologie
mit 200 bis 500 Mbit/s im Downlink und 100 bis 200 Mbit/s im Uplink bereit [10,
12].

Latenzzeit

Eine wichtige Eigenschaft von Funktechnologien stellt die Latenzzeit dar. Gerade
für kritische Infrastrukturen, wenn es z. B. um Schalthandlungen zur Stabilisierung
der 50 Hz im Stromnetz geht, ist eine geringe Latenzzeit erforderlich. Hier weisen
450 MHz und 5G im RAN mit maximal 50 ms eine besonders geringe Latenzzeit

auf. LoRaWAN Netze sind mit 900 bis 1800 ms hingegen deutlich Träger, weswegen von Schalthandlungen z. B. im Stromnetz abzuraten ist [10, 12].

Lizenzmodell
Mit Ausnahme der LoRaWAN-Technologie nutzen alle anderen Technologien ein lizensiertes, geschlossenes Frequenzband. Dies führt auf der einen Seite zu höheren Kosten aufgrund des Erwerbs eines Funkfrequenzbandes, aber auf der anderen Seite zu einer höheren Sicherheit durch die Begrenzung des Nutzerkreises und einer gesicherten Laufzeit [10, 12].

Stromverbrauch & Batteriebetrieb
Sowohl in einem 450 MHz als auch 5G Netz benötigt die Sensorik aufgrund des hohen Stromverbrauchs immer eine Stromverbindung. Lediglich LoRaWAN- bzw. LPWAN-Sensorik kann batteriebetrieben werden. 450 MHz ist somit nicht für Use Cases wie z. B. der Zustandsüberwachung von Grundwasserpegeln oder Mülleimern geeignet, da eine Stromversorgung für die einzelnen Sensoren zu aufwendig oder nicht möglich ist. Gleiches kann für Assets in Versorgungsinfrastrukturen wie z. B. Pegelsonden im Wassernetz gelten, welche sich meist weit außerhalb befinden und über keine aktive Stromversorgung verfügen. Hinzu kommen die höheren Kosten bei 450 MHz [10, 12].

Verschlüsselung
Grundsätzlich setzen alle Technologien auf eine sichere Verschlüsselungstechnik, hierbei ist aber zu beachten, auf welchen Ebenen verschlüsselt wird und ob für die eigene Datenübertragung noch zusätzliche Verschlüsselungen auf höheren Protokollebenen eingesetzt werden sollte, um eine Ende-zu Ende Verschlüsselung zu erreichen. Für eine Anbindung von iMSys wird zum Beispiel durch das GWA[4]-System unabhängig von der Übertragungstechnologie eine zusätzliche TLS-Verschlüsselung angewendet, um eine Ende-zu-Ende Verschlüsselung zu realisieren und Datenintegrität und Sicherheit für den Prozess sicherzustellen. Eine genauere Erläuterung der Verschlüsselungstechnologie von 450 MHz erfolgt in Abschn. 2.5 (LoRaWAN setzt auf eine AES 128 Bit Verschlüsselung Ende- zu Ende Verschlüsselung) [10, 12].

Hardwareökosystem
Ein wesentlicher Faktor für den Erfolg einer Funktechnologie stellt das Hardwareökosystem da. Nur bei einer ausreichenden Vielfalt und Qualität ist mit einer

---

[4] GWA: Smart-Meter-Gateway-Administrator.

großflächigen Umsetzung von Anwendungsfällen zu rechnen. Im Bereich 450 MHz befindet sich dieses noch im Aufbau. Durch den starken Fokus auf das Thema Anbindung von iMSys existiert vor allem in diesem Bereich erste Hardware. Für LPWAN-Technologien wie LoRaWAN steht ein breites weltweites Hardwareökosystem bereits zur Verfügung. Hardware für den 5G Bereich befindet sich ebenfalls noch im Aufbau [10, 12].

Einsatzszenarien

Vor dem Aufbau bzw. Einsatz einer Technologie ist das Einsatzgebiet zu prüfen. Hier fokussiert sich 450 MHz klar auf die Bereiche kritische Infrastruktur und Notfallkommunikation und somit auf sehr spezielle Use Cases. LoRaWAN hingegen bedient ein breites Spektrum im Kontext der Smart City und Überwachung von Energieinfrastrukturen. 5G setzt hingegen klar auf das Thema Echtzeitautomatisierung [10, 12].

Geschäftsmodell

Im Rahmen der Technologieauswahl ist auch die Kompatibilität der eigenen Wertschöpfungskette mit dem Geschäftsmodell des Netzbetreibers und Dienstleisters zu prüfen. Für den Einsatz von 450 MHz bietet die 450connect lediglich die Nutzung des Netzes an. Bei LoRaWAN kann sich das EVU frei entscheiden, ob es selbst ein Netz aufbauen, von einem Dritten nutzen möchte oder einen Dienstleister mit der Bereitstellung aufbereiteter Daten beauftragt. Bei 5G ist das Geschäftsmodell von verschiedenen Faktoren abhängig, in welchem Umfang das Netz genutzt werden soll. Hier sind unterschiedliche Modelle z. B. in Form von 5G-Campusnetzen oder ganzen 5G-Flächennetzen möglich [10, 11, 12].

Anbieter

Für die Nutzung von 450 MHz existiert in Deutschland nur die 450connect als Anbieter. Somit ist ein EVU an den Dienstleister gebunden, sollte er 450 MHz in seinem Versorgungsgebiet einsetzen wollen. Die LoRaWAN Technologie hingegen kann selbstständig vom EVU errichtet, betrieben und ausgebaut werden. 5G Netze bedürfen ebenfalls einer Lizenz, wie bei 450 MHz. Daher muss das EVU entweder eigene 5G Lizenzen erwerben oder das Netz von Kommunikationsdienstleistern (wie z. B. der Telekom) in Anspruch nehmen [20]. Eine Ausnahme können sogenannte 5G Campusnetze mit einer starken örtlichen Begrenzung bilden. Hier bedarf es zwar auch einer Lizenz, der Betrieb kann jedoch in Eigenregie erfolgen [11, 13].

2.5 Verschlüsselung 450 MHz

Die Gewährleistung von Datenschutz und Datensicherheit besitzt in Kritis-Anwendungsfällen eine sehr hohe Priorität. Neben organisatorischen Maßnahmen stellt zur Erreichung dieser Ziele die technische Absicherung mittels Verschlüsselung die essenzielle Grundlage. Verschlüsselung bzw. die Absicherung von Datenmanipulation oder Datenabfluss kann nicht pauschal beantwortet werden, sondern ist stark abhängig vom Anwendungsfall und der eingesetzten Endgeräte sowie dem Zielsystem (z. B. Netzleitstelle) und der im gesamtem Übertragungsweg eingesetzten Verfahren und Eingriffsmöglichkeiten.

Aktuell ist davon auszugehen, dass 450Connect die Standard Absicherungsverfahren für LTE-Datenübertragung nutzen wird [Specification # 35215 (3gpp.org)], die dem Stand der Technik zur Funkübertragung entsprechen. Eine verbindliche Aussage hierzu liegt zum aktuellen Zeitpunkt nicht vor. Hierbei stellt der Netzanbieter die sichere Datenübertragung vom Endgerät auf der technischen Transportebene sicher, wie in Abb. 2.7 dargestellt ist. Um eine vollständige und durch den Nutzer kontrollierte Verschlüsselung zu garantieren, sind zusätzliche Mechanismen durch die EVU oder deren Dienstleister zu implementieren. Im Rahmen der iMSys wird diese Ende-zu-Ende Verschlüsslung mittels zertifikatsbasierter TLS-Verschlüsselung realisiert, die unabhängig von der Übertragungstechnologie die Verschlüsselung sicherstellt und die Entschlüsselung nur durch autorisierte Dienstleister des EVU ermöglicht (GWA). Sind andere Endgeräte und Anwendungsfälle durch das EVU geplant (z. B. Auslesung einer Ortsnetztrafostation) ist die Sicherheitsarchitektur eigenständig aufzubauen, um eine vollständige und durch das EVU kontrollierte Ende-zu-Ende Verschlüsselung zu erreichen. Um Synergieeffekte zu heben, ist diese IoT- und Sicherheitsarchitektur ganzheitlich mit anderen Übertragungstechnologien (z. B. öffentliches

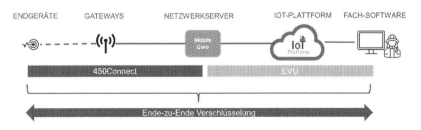

Abb. 2.7 Architektur 450 MHz für IP basierte Endgeräte

KRITISCHE
INFRASTRUKTUR

NOTFALLKOMMUNIKATION

Z.T.
WEITERE USE CASES

Überwachung und Steuerung von kritischer Infrastruktur wie z. B. Stromnetze. Einsatzszenarien Anbindung von intelligenten Messsystem, flexiblen Verbrauchern oder kritischen Assets z. B. Trafostationen.	Ablösung der bestehenden Tetrafunknetze und Verwendung der 450 MHz Frequenz zur Sicherstellung der Notfallkommunikation im Krisenfall.	Ggf. ist es möglich die Frequenz über die Themen der Notfallkommunikation und der Überwachung / Steuerung der kritischen Infrastruktur hinaus zu nutzen. Die genauen Regelungen sind noch offen.

Abb. 2.8 450 MHz Einsatzszenarien

Mobilfunk, NB-IoT, LoRaWAN) zu betrachten. Denn Technologien und Funktionsweisen sind oft unabhängig von der Übertragungstechnologie nutzbar. Auch Themen im Gerätemanagement (z. B. Over the Air Endgeräteupdates) sind in das Sicherheitskonzept zu integrieren, um Datenschutz und Datensicherheit zu garantieren [6, 10, 33].

2.6 Einsatzszenarien

Durch die Umwidmung von 450 MHz als Frequenz für kritische Infrastrukturen ist der Einsatzbereich von der Bundesnetzagentur begrenzt worden. Im Folgenden soll diese Begrenzung und die möglichen Einsatzszenarien für EVU näher beleuchtet werden (vgl. Abb. 2.8):

1. kritische Infrastruktur

Grundsätzlich kann 450 MHz in allen Bereichen zur Überwachung und Steuerung kritischer Infrastrukturen[5] eingesetzt werden. Hierzu zählen insbesondere die Stromnetze. Ein Hauptfokus liegt hierbei auf der Vernetzung iMSys und der Anbindung kritischer Assets wie z. B. Transformatoren oder weiteren kritischen Punkten im Netz. Daneben können aber auch Gas-, Wasser- oder Fernwärmenetze, abhängig von der Größe der jeweiligen Netzinfrastruktur, zu den kritischen Infrastrukturen zählen. Die genauen Schwellwerte sind in der KritisV definiert [8, 13].

---

[5] „Kritische Infrastrukturen (KRITIS) sind Organisationen oder Einrichtungen mit wichtiger Bedeutung für das staatliche Gemeinwesen, bei deren Ausfall oder Beeinträchtigung nachhaltig wirkende Versorgungsengpässe, erhebliche Störungen der öffentlichen Sicherheit oder andere dramatische Folgen eintreten würden" [22].

Unabhängig davon stehen aktuell besonders die Energienetzbetreiber in einem besonderen Fokus. Trotz des bislang hoch angesetzten Sicherheitsstandards für Informationstechnik, fordert die neue Rolle des Messstellenbetreibers eine regulierte und ständig kontrollierte Informationsumgebung. Dies ist mit der Übermittlung personenbezogener Daten von Kunden begründet, welche über das Auslesen der intelligenten Messsysteme über das Datennetz des Energienetzbetreibers transportiert werden. Um den geforderten informationstechnischen Sicherheitsstandard zu kontrollieren, hat das Bundesamt für Sicherheit in der Informationstechnik eine Verpflichtung zur Zertifizierung nach ISO 27001 verabschiedet. Somit müssen sich Energienetzbetreiber, welche ebenso als grundzuständige Messstellenbetreiber fungieren, dieser Zertifizierung durch die Einführung eines Informationssicherheitsmanagementsystems (ISMS) nachkommen. Die damit verbundenen Schritte zur Etablierung des ISMS stellt Messstellenbetreiber mit den Bereichen der Organisationsstruktur, der informationstechnischen Infrastruktur, der Ressourcenplanung und der Mitarbeiterkoordination vor eine große Anzahl neuer Herausforderungen [14].

2. Notfallkommunikation
Neben der Vernetzung kritischer Infrastruktur soll 450 MHz zur Notfallkommunikation eingesetzt werden. Da die Technologie auf dem LTE-Standard beruht, ist eine Kommunikation mittels Mobilfunkgeräten, welche das 450 MHz Frequenzband unterstützen, möglich. Das 450 MHz Netz ist unabhängig vom bestehenden, öffentlichen Mobilfunknetz und verfügt über eine eigene Energieversorgung. So steht dem EVU ein eigenes Kommunikationsnetz zur Verfügung, auch im Falle eines Blackouts. Der Einsatz des 450 MHz Netzes zur Notfallkommunikation stellt somit eine Ergänzung bzw. Ablösung bereits bestehender Notfallkommunikationsnetze wie z. B. dem Tetra-Funknetz dar [21].

3. Weitere Use Cases
Auch wenn die 450 MHz Frequenz speziell für den Fall ‚kritische Infrastrukturen' vorgesehen ist, kann das Frequenzband zu einem gewissen Teil für alternative Anwendungsfälle verwendet werden. Mögliche Einsatzgebiete können das Fernwärme- oder Wassernetz sein, wenn diese unterhalb den Schwellwerten der KritisV liegen und somit offiziell nicht Teil kritischer Infrastrukturen sind. Die genaue Definition des Handlungsspielraums, für welche Anwendungsfälle außerhalb der Überwachung kritischer Infrastrukturen und der Notfallkommunikation zulässig sind, ist noch zu definieren. Da es sich bei 450 MHz um einen lizensierten Frequenzbereich handelt, sollte die Notwendigkeit dieses Übertragungswegs sorgfältig geprüft werden. Netzdienliche Anwendungen, welche zur Steuerung

und Überwachung systemrelevanter Objekte und Anlagen innerhalb der kriti-
schen Infrastruktur notwendig sind, stellen im lizensierten Frequenzbereich den
Hauptanwendungsfall. Für nicht-kritische Anwendungen (Parkraumüberwachung,
Straßenbeleuchtung etc.) besteht nur ein geringer Bedarf an der Verfügbarkeit im
Schwarzfall [21].

▶▶   **Ausfallsicherheit: Sicherstellung der Stromversorgung** Zur Sicherung
     der Funktionsfähigkeit im Falle eines Blackouts, sieht das 450 MHz
     Netz eine 72h-Verfügbarkeit vor. Die unterbrechungsfreie Stromver-
     sorgung (USV) systemrelevanter Komponenten wird durch die Inte-
     gration einer Netzersatzanlage (NEA) gewährleistet. Abhängig von
     den örtlichen Anforderungen kann z. B. eine Batterie-USV, eine Brenn-
     stoffzelle mit Wasserstofftanks, oder eine dieselgetriebene NEA zum
     Einsatz kommen. Folgende Bewertungskriterien geben einen Über-
     blick über die Stärken und Schwächen einzelner USV-Konzepte [23].
     Die Konzepte basieren auf der Basis und Bewertung der Autoren:

	Batterie	Wasserstoff	Diesel
Lagerfähigkeit	★ ★ ★	★ ★ ★	★
Umweltverträglichkeit	★ ★	★ ★ ★	★
Energiedichte	★ ★	★ ★	★ ★ ★
Kraftstoff-Lieferkette	★ ★ ★	★	★ ★
Betrieb/Wartung	★ ★	★ ★ ★	★ ★
Entlade-/Ladezyklus	★ ★ ★	★	★
Verbreitung	★ ★ ★	★ ★	★ ★ ★
Emission	★ ★ ★	★ ★ ★	★
Verfügbarkeit	★ ★ ★	★ ★	★ ★ ★
Wirkungsgrad	★ ★ ★	★ ★ ★	★
Modularität	★ ★ ★	★ ★ ★	★
Netzentkopplung	★	★ ★ ★	★ ★ ★

2.7   Anwendungsfall iMSys

Da der iMSys-Rollout als wesentlicher Treiber für den Einsatz von 450 MHz
verantwortlich ist, soll in diesem Kapitel ein Vergleich zwischen den möglichen Übertragungstechnologien durchgeführt werden, welche für eine Anbindung
des SMGW über das Wide-Area-Network (WAN) möglich sind. In diesem Zuge
wurde eine Nutzwertanalyse (vgl. Abb. 2.9) durchgeführt, welche die einzelnen
Übertragungstechnologien miteinander vergleicht:

	Gewichtung [%]	LWL		Kunden-router		Powerline BPL		Mobilfunk LTE		450 MHz	
		Punkte	Punkte gewichtet	Punkte	Punkte gewichtet	Punkte	Punkte gewichtet	Punkte	Punkte gewichtet	Punkte	Punkte gewichtet
Funktions-erfüllung	22	4	0,88	4	0,88	4	0,88	4	0,88	4	0,88
Sicherheit	20	3	0,60	1	0,20	3	0,60	2	0,40	4	0,80
Technisch realisierbar	16	3	0,48	2	0,32	3	0,48	4	0,64	3	0,48
Rolloutkonform	12	1	0,12	2	0,24	3	0,36	4	0,48	3	0,36
Zuverlässigkeit	10	4	0,40	2	0,20	3	0,30	2	0,20	4	0,40
Wirtschaftlich rentabel	8	1	0,08	2	0,16	2	0,16	1	0,08	3	0,24
Bandbreite	6	4	0,24	4	0,24	3	0,18	3	0,18	3	0,18
Latenzzeit	4	4	0,16	3	0,12	3	0,12	2	0,08	3	0,12
Synergieeffekte	2	4	0,08	1	0,02	3	0,06	1	0,02	3	0,06
Gesamtpunktzahl gewichtet		**3,04**		**2,38**		**3,14**		**2,96**		3,52	

Abb. 2.9 SMGW-Anbindung Nutzerwertanalyse [26]

Öffentliches Mobilfunknetz

Die Vorteile des öffentlichen Mobilfunks liegen in der Flexibilität und Verfügbarkeit für den Messstellenbetreiber, da er für einen Massenrollout kein neues Übertragungsnetz errichten muss und auch nicht für dessen Netz-Modernisierung verantwortlich ist. Jedoch ist die Anzahl der erreichbaren SMGW begrenzt, da sich deren Einbauorte überwiegend in empfangsschwachen Bereichen befinden.

Die Konsequenz daraus ist eine Vielzahl an Sonderlösungen zur Erreichbarkeit der SMGWs [26].

Powerline

Die Übertragungsvariante Powerline hat speziell im Bereich BPL Potential für den Messtellenbetreiber (MSB) zum Auslesen der Smart Meter Gateways. Da der Aufbau des Powerline-Netzes Punkt-zu-Punkt erfolgt, kann hier nicht von einer Flächenabdeckung gesprochen werden. Mit den hintereinander gereihten Kommunikationsverbindungen würde das Verhältnis beim Ausfall eines einzelnen Gerätes 1:n betragen. Werden Stromnetz und Informationsnetz durch die Powerline-Technologie vermischt, ergeben sich neue Anforderungen an den Netzbetrieb, die zu Änderungen an etablierten Prozessen führen können [26].

Glasfaser

Der Vorteil dieser Übertragungstechnologie ist mit großem Zukunftspotential verbunden, da eine einzelne Faser im Vergleich zu einem Kupferkabel von Grund auf eine höhere Datenmenge übertragen kann. Allerdings werden bei dieser Technologie die Ressourcen des MSB deutlich für einen flächendeckenden Anschluss von Wohnhäusern und Bürogebäuden überschritten. Innerhalb des bestehenden IKT-Netzes ist es dennoch sinnvoll, sich den Vorteilen des Glasfasernetzes in Form eines hybriden Aufbaus des Kommunikationsnetzes zu bedienen. „Kombinationen unterschiedlicher Technologien, welche idealerweise mehrere Dekaden Lebensdauer haben und standardisierte Protokolle unterstützen, sind hier die bevorzugte Lösung" [18].

Kundenrouter

Mit der Nutzung von Kundenroutern sind Synergieeffekte, wie auch eine zusätzliche Notfallkommunikation ausgeschlossen. Des Weiteren ergeben sich weitere ungeklärte Fragen bezüglich der Sicherheit, da der MSB selbst keinen Einfluss auf den Großteil des Übertragungsweges nehmen kann. Neben der Komplexität der Vertragsbildungen ist jeder Kunde mit seinen Wünschen und Anforderungen separat zu behandeln, wodurch das Einhalten des Rolloutplans utopisch erscheint [26].

Nutzwertanalyse der Übertragungstechnologien

Das Ergebnis der Nutzwertanalyse kann hinsichtlich der zuvor festgelegten Gewichtung unterschiedlich ausfallen. Ebenso können weitere Faktoren wie Betriebskosten, Wartungskosten, personeller Aufwand oder die Möglichkeit zur Weitervermarktung bzw. Drittkundengeschäft entscheidende Kriterien für den Betreiber sein, welche unter deren Einbezug zu einem abweichenden Ergebnis führen. Ebenso ist es

Kostenaufstellung für 15 Jahre	
Langfristige Investitionen	
Instandhaltungskosten Sendemasten	_____ EUR
Instandhaltungskosten IT-Netzwerk	_____ EUR
Lizenzkosten	_____ EUR
Mittel- und kurzfristige Investitionen	
Projektmanagement	_____ EUR
Aufbau Sendemasten	_____ EUR
Aufbau IT-Netzwerk	_____ EUR
Anbindung zum Backend-System	_____ EUR
Betriebskosten	
Betrieb Sendemasten	_____ EUR
Betrieb IT-Netzwerk	_____ EUR

Abb. 2.10 Bestandteile der 450 MHz Kostenkalkulation Teil 1 [26]

sinnvoll diese Auswertungsmatrix (vgl. Abb. 2.9) von Mitarbeitern oder Führungs-
kräften verschiedener Fachbereiche (z. B. technisch/kaufmännisch) durchführen zu
lassen, sodass mehrere Ansichten mit einbezogen werden [26].

Unabhängig von der getroffenen Technologieauswahl, sollte für die ausgewählte
Variante eine genaue Kostenaufstellung erstellt werden, um sowohl anstehende kurz-
, mittel- und langfristige Investitionen und Betriebskosten mit zu berücksichtigen.
Am tabellarischen Beispiel (vgl. Abb. 2.10) werden die notwendigen Investitionen
exemplarisch für die Übertragungstechnologie „450 MHz" aufgeführt [26].

Neben den anfallenden Investitions- und Betriebskosten können auch mögliche
Gewinne in die Finanzplanung aufgenommen werden, welche durch die ausgewählte
Übertragungstechnologie erzielt werden können. Diese verdeutlichen das mögliche
Vermarktungspotential, welches bei der Entscheidungsfindung berücksichtigt wer-
den kann. Entscheidend hierfür ist die Einstellung des Energienetzbetreibers zum
Thema Drittkundengeschäft (vgl. Abb. 2.11) [26].

2.8 Technologiegrenzen (technisches Zwischenfazit)

Auch wenn 450 MHz auf LTE-Basis zum aktuellen Zeitpunkt in der Branche
als die vorrangige Technologie zur Anbindung und Steuerung kritischer Infrastruktur in Energienetzen betrachtet wird, unterliegt 450 MHz technologischen
Restriktionen. Wie bei allen Funktechnologien können auch 450 MHz Netze

Gewinnaufstellung für 15 Jahre	
Messstellenbetrieb außerhalb der Konzessionen	_____ EUR
Mieteinnahmen durch Bereitstellung von Mastflächen	_____ EUR
Anbindungsmöglichkeit für E-Mobilität	_____ EUR
Etablierung kritischer Anwendungen in Smart Grid / Smart City für Städte und Kommunen	_____ EUR

Abb. 2.11 Bestandteile der 450 MHz Kostenkalkulation Teil 2 [26]

durch einfache Störsender gestört oder unterbrochen werden. Eine 100-prozentige Sicherheit für eine permanent verfügbare Technologie – vor allem gegen Angriffe von außen – gibt es nicht. Zwar setzt 450 MHz mit den LTE-Funktionalitäten auf einen hohen Verschlüsselungsstandard, einen klaren Anwendungsfokus und einen begrenzten Nutzerkreis sowie einer eigenen Energieversorgung im Falle eines Blackouts auf. Um eine maximale Sicherheit der Anbindungsverfügbarkeit zu erzielen, sind jedoch immer eigene kabelgebundene Lösungen zu favorisieren. Einige Stadtwerke binden daher z. B. auch alle Ortsnetztrafostationen über das eigene LWL-Netz[6] an. Hier stellt sich jedoch die Frage der Wirtschaftlichkeit, da davon auszugehen ist, dass die Implementierung einer 450 MHz Infrastruktur kostengünstiger als die Errichtung eines eigenen Glasfasernetzes ist. Vor allem dann, wenn es sich um einen Flächennetzbetreiber handelt, dessen Assets groß-flächig im Versorgungsgebiet verteilt sind. Gegebenenfalls existieren aber auch Förderprogramme, welche die Wirtschaftlichkeit eines Glasfasernetzes steigern können [10, 11, 27].

Neben der Frage der Störanfälligkeit ist außerdem kritisch zu hinterfragen, ob die Anzahl von 1600 Funkstandorten bis Ende 2024 für eine deutschlandweite Abdeckung ausreicht (insb. für den Deep-Indoor Anwendungsfall der SMGW-Anbindung). In der Errichtung von Funktechnologien wie z. B. dem Digitalfunk, hat sich oft gezeigt, dass der praktische Bedarf für eine deutschlandweite Abde-ckung oft höher lag als der theoretisch berechnete. Auch stellt die individuell späte Verfügbarkeit des 450 MHz Netzes, ggf. erst ab 2024, für ein EVU ein Problem dar. Vor allem durch den starken Anstieg von Ladeinfrastruktur für Elek-tromobile im Stromnetz entsteht bereits jetzt schon ein Bedarf für Netzbetreiber das eigene Netz intensiver Monitoren und Steuern zu können. Sollte der akute Bedarf nach einer Kommunikationslösung zu groß werden, muss ggf. noch vor

---

[6] LWL: Lichtwellenleiter.

einer Verfügbarkeit des 450 MHz Netzes auf eine andere Technologie ausgewi-chen werden. Ob in diesem Fall kurzfristig eine Brückentechnologie eingesetzt werden kann, oder komplett auf eine alternative Technologie gewechselt werden muss, kann an dieser Stelle nicht beantwortet werden. Sicher dürfte aber sein, dass ein zügiger Ausbau des Netzes von vielen EVU zu begrüßen sein wird [9, 28].

Neben der Steuerung und Überwachung von Energieinfrastrukturen errichten viele EVU Kommunikationsnetze zur Umsetzung von Smart City Anwendungs-fällen. Hier stößt 450 MHz an technologische Grenzen. Da es sich bei Smart City Anwendungsfällen oft um Themen handelt, die Sensorik ohne eine aktive Stromverbindung erfordern, kann 450 MHz aufgrund des hohen Energiebedarfes nicht eingesetzt werden. Beispielsweise wäre die Anbindung eines Mülleimers zur Füllstandsüberwachung oder eines Parkplatzsensors vor einem Ladepunkt aus technischer wie auch wirtschaftlicher Betrachtung nicht zielführend [12].

Wie allerdings in Abschn. 2.4 sichtbar wurde, existiert zum heutigen Zeit-punkt keine Funktechnologie, die alle Bedarfe abdecken kann. Durch das Spannungsdreieck zwischen den Anforderungen an Reichweite, Datenrate und dem Energiebedarf, welcher jede Funktechnologie unterliegt, können nicht alle Anforderungen mit einer einzigen Kommunikationstechnologie umgesetzt wer-den. Vielmehr benötigt ein EVU einen Technologiemix, um die Anforderungen auf dem Weg zu einem Smart Grid oder einer Smart City umsetzen zu können. Somit stellt sich nicht die Frage, ob ein 450 MHz oder ein LoRaWAN Netz errichtet werden soll, sondern viel mehr: Welche Anforderungen können mit welchem Funknetz bedient werden? In der Praxis ist daher davon auszugehen, dass EVU nicht ein Funknetz, sondern mehrere betreiben bzw. managen müssen, um den gesamten Bedarf an Anforderungen zur Herstellung der notwendigen Konnektivität decken zu können [24].

450 MHz Geschäftsmodell

3

Nach der Darstellung und Einordnung der wesentlichen technischen Eigenschaften von 450 MHz aus Kap. 2, fokussiert sich dieses Kapitel auf die Frage des Geschäftsmodells für EVU. Dabei soll im ersten Schritt die Frage beantwortet werden, über welches Modell ein EVU das 450 MHz Netz beziehen oder sich an der 450connect beteiligen kann (vgl. Abb. 3.1). Im Anschluss soll auf die gesamte Wertschöpfungskette, welche aus Sicht eines EVUs für die Nutzung von 450 MHz erforderlich ist, eingegangen werden. So soll deutlich gemacht werden, dass es nicht nur darum geht, ein 450 MHz zu nutzen oder Funkstandorte zu betreiben, sondern eine ganzheitliche Bewertung mit Blick auf das EVU und die eigenen Prozesse sowie Anforderungen erfolgen muss.

3.1 Bezugsmodell

Die Steuerung des deutschlandweiten Netzaufbaus und dessen Vermarktung für das 450 MHz Netz erfolgt zentral durch die 450connect. Für EVU als potenzielle Netznutzer sind daher die verschiedenen Bezugsmöglichkeiten zu klären. Im Allgemeinen können Dienstleistungsmodelle in drei verschiedene Varianten differenziert werden: *Grid as a Service*, *Platform as a Service* und *Data as a Service* [29]. Im Folgenden soll auf diese Varianten näher eingegangen und geprüft werden, welche Leistungstiefe diese umfassen bzw. welches dem Geschäftsmodell der 450connect entspricht, vgl. auch Abb. 3.1.

Grid as a Service
Bei Grid as a Service erfolgen nur die Netzplanung und der Netzbetrieb durch die 450connect. Das EVU kann gegen die Entrichtung eines Entgelts das Netz zu einem vereinbarten Grad auslasten. Wie und in welcher Form die Daten aus

M. Linnemann et al., *450 MHz – Frequenz für kritische Infrastrukturen, essentials*, https://doi.org/10.1007/978-3-658-36538-7_3

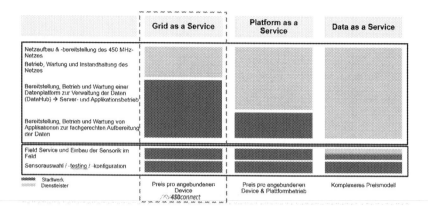

Abb. 3.1 Potentielle Nutzungsmodelle von 450 MHz

dem 450 MHz Netz in den Prozessen des EVUs integriert werden und welche
weiteren Fachsysteme hierfür erforderlich sind, ist durch das EVU selbst zu klären
und schließlich zu implementieren.

Platform as a Service
Im Rahmen des Geschäftsmodells Platform as a Service wird dem EVU nicht nur das
450 MHz Netz zur Verfügung gestellt, sondern auch eine Datenplattform, welche
die Daten aus dem 450 MHz persistiert und zur Verfügung stellt. Eine Aufbereitung
und Integration der Daten in die Prozesse und Fachsysteme müssen vom EVU selbst
umgesetzt werden.

Data as a Service
In diesem Geschäftsmodell erfolgt keine direkte Nutzung des 450 MHz durch
das EVU. Stattdessen werden lediglich die benötigten Daten in einer aufbereite-
ten Form, abgestimmten Granularität und Verfügbarkeit in einem Fachsystem zur
Verfügung gestellt und visualisiert. In diesem Geschäftsmodell steht somit nicht die
Netznutzung, sondern die Bereitstellung der Daten im Vordergrund.

Für alle drei Dienstleistungsmodelle erfolgt die Auswahl und der Einbau der
Sensorik sowie der Fieldservice durch das EVU selbst. Beim Dienstleistungsmo-
dell Data as a Service kann dies auch durch den Dienstleister erfolgen. Zum aktuellen
Zeitpunkt (Juli 2021) ist eine Nutzung des 450 MHz Netzes ausschließlich als Grid
as a Service möglich. Das Bereitstellen einer Datenplattform oder einer Dienstleistung als Data as a Service ist nicht vorgesehen. Die genaue Ausgestaltung des

Dienstleistungsmodells zur Nutzung des 450 MHz Netzes befindet sich allerdings noch in Arbeit (Juli 2021) [25].

3.2 Mitwirkungsmöglichkeiten I

Für EVU bestanden unterschiedliche Möglichkeiten sich am Aufbau, dem Betrieb und der Nutzung des 450 MHz Netzes zu beteiligen. Im Kern konnte zwischen drei Beteiligungsmöglichkeiten differenziert werden, wobei zum aktuellen Zeitpunkt eine Beteiligung an der 450connect GmbH als Anteilseigner nicht mehr möglich ist (vgl. Abb. 3.2).

Anteilseigner: Im Rahmen der Vergabe der 450 MHz Frequenz hatten EVU die Möglichkeit sich über die Versorger-Allianz direkt an der 450connect zu beteiligen. Hierdurch konnten sich die EVU als Gesellschafter ein Mitbestimmungsrecht innerhalb der 450connect im Rahmen ihrer Anteile sichern. Durch die Beteiligung kann sicherlich von einem bevorzugten Netzaufbau ausgegangen werden. Daneben besteht für Anteilseigner die Möglichkeit, eigene Standorte für die Errichtung des 450 MHz Netzes einzubringen. Für die Bereitstellung eines Standorts erhält das jeweilige EVU ein jährliches Entgelt. Im Gegenzug sind die technischen Mindestanforderungen der 450connect einzuhalten. Der Service vor Ort wird im Regelfall durch das EVU selbst übernommen. Die 450connect

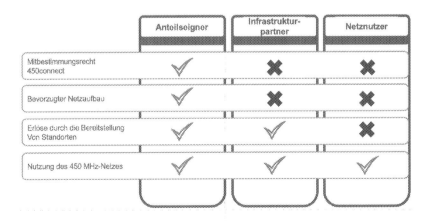

Abb. 3.2 450 MHz Beteiligungsmöglichkeiten

prüft als Netzbetreiber lediglich aus der Ferne die Verfügbarkeit des Funknetzes. Zur Inanspruchnahme des Netzes musste jedes beteiligte Unternehmen einen separaten Netznutzungsvertrag mit der 450connect abschließen [30, 31].

Infrastrukturpartner
Auch ohne direkte Beteiligung an der 450connect haben EVU die Möglichkeit Standorte für den Netzaufbau zur Verfügung zu stellen. Hierfür erhalten die EVU ebenfalls ein Entgelt und sind verpflichtet die technischen Mindestanforderungen der 450connect einzuhalten. Zur Inanspruchnahme des Netzes ist ebenfalls ein separater Netznutzungsvertrag mit der 450connect abzuschließen [31, 32].

Netznutzer
Auch EVU, welche sich nicht direkt beteiligen oder Standorte bereitstellen, haben die Möglichkeit das 450 MHz zu nutzen. In diesem Fall ist, wie bei den anderen Modellen auch, ein Netznutzungsvertrag abzuschließen [15].

3.3   Wertschöpfungsstufen I

Für die Etablierung des 450 MHz Netzes reicht der bloße Bezug zur Umsetzung eines Smart Grids nicht aus. Die Integration der Technik ist vielmehr nur möglich, wenn eine Etablierung auf Basis der Wertschöpfungsstufen erfolgt (vgl. Abb. 3.3). Hier ist zwischen den Wertschöpfungsstufen Netz, Sensorik, IT-Betrieb und den zusätzlichen Wertschöpfungsstufen zu differenzieren[1]:

Netz
Die Wertschöpfungsstufe Netz lässt sich in die drei Aufgabenbereiche *Netzbetrieb Gateways*, *Netzbetrieb Sensorik* und das *Assetmanagement* unterteilen. Der Aufgabenbereich Netzbetrieb Gateways stellt die Basistätigkeit für den 450 MHz Netzbetrieb dar und wird durch die 450connect übernommen. Hierunter fallen die Planung, die Errichtung und der Betrieb der 450 MHz Gateways. Die Errichtung des Standorts kann auch durch das EVU selbst erfolgen, wodurch dieses eine jährliches Entgelt erhält. Im Rahmen des Gateway Netzbetriebs ist die Verfügbarkeit der Gateways durch die 450connect sicherzustellen.

---

[1] Der Aufbau der Wertschöpfungsstufen: die Definitionen, Beschreibungen und Einteilung basieren auf den Erfahrungen und Entwicklungen in bereits durchgeführten Praxisprojekten von Funknetzen im Bereich LPWAN und 450 MHz auf CDMA Basis der Autoren.

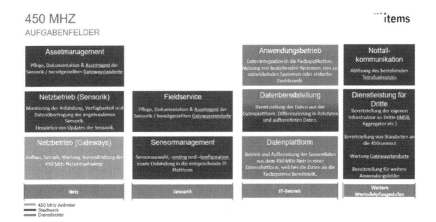

Abb. 3.3 450 MHz Wertschöpfungskette. (© items GmbH)

Für einen Netzbetrieb reicht die Verfügbarkeit und Bereitstellung der Endgeräte nicht aus. Ebenso sind eine erfolgreiche Integration und Überwachung der Sensorik sicherzustellen. In einem Funknetz kann es immer zu einem Ausfall oder Fehlverhalten von Sensorik kommen. Die Sensoren sind entsprechend zu Monitoren und Störungen remote bzw. vor Ort zu beheben. Da für den Einbau der Sensorik das EVU verantwortlich ist, hat dieses den Netzbetrieb der Sensorik zu verantworten. Gleiches gilt für das Assetmanagement der Sensorik. Diese sind, wie andere Bauteile auch, im Netz in den Instandhaltungsprozessen zu dokumentieren. Gleiches gilt für die in das 450 MHz Netz eingebrachten Funkstandorte.

Sensorik und Anbindungstechnologie
Um Daten aus kritischen Infrastrukturen zu erhalten, reicht die bloße Errichtung eines 450 MHz Netzes nicht aus. Vielmehr ist Sensorik oder Anbindungstechnologie, welche das 450 MHz Frequenzband unterstützt, an vorhandene Systeme im Feld zu implementieren. Der Field Service, welcher den Einbau, die Pflege, Wartung und Dokumentation der Sensorik und Anbindungstechnologie sowie bereitgestellten Gatewaystandorte umfasst, ist durch das EVU sicherzustellen. Gleiches gilt für das Gerätemanagement. Wie bei vielen neuen Funktechnologien steckt die Hardware noch am Anfang der Entwicklung, wodurch mit einer erhöhten Fehleranfälligkeit gerechnet werden muss. Aus diesem Grund sind die Endgeräte vor dem Einbau im Feld zu testen und zu konfigurieren. Hier können bereits bestehende

Prozesse genutzt werden, welche für das Testen von anderer IoT-Sensorik wie z. B. LoRaWAN-Hardware notwendig sind.

IT-Betrieb

Neben dem reinen Funknetz und der Sensorik ist der Aufbau einer geeigneten IT-Infrastruktur erforderlich, in der die Daten persistiert, konsolidiert und vor der Integration der Fachprozesse aufbereitet werden können. Die Aufbereitung der Daten kann zum Beispiel in einer eigenen Datenplattform erfolgen. Gegebenenfalls ist die Nutzung einer bereits bestehenden IoT-Datenplattform im EVU möglich (z. B. die bereits etablierten Systeme für LoRaWAN), welche die Daten über moderne IT-Schnittstellen den Fachprozessen zur Verfügung stellen kann. In der Datenbereitstellung ist zwischen Roh- und aufbereiteten Daten zu differenzieren. Bestimmte Rohdaten können z. B. direkt in der Netzleitwarte zur Überwachung und Steuerung bereitgestellt werden, während aufbereitete Daten z. B. in der Netzplanung benötigt werden. Die Bereitstellung der Daten zur Integration der Fachprozesse kann in Abhängigkeit der eignen Sourcingstrategie auch von einem Dienstleister übernommen werden.

Die letzte Stufe stellt der Anwendungsbetrieb dar. Neben der klassischen Integration in bestehende Fachanwendungen kann dies auch neue Dashboards oder, wenn die existierenden Fachanwendungen den neuen Anforderungen nicht genügen, neue Softwareentwicklungen bedeuten.

Weitere Wertschöpfungsstufen

Neben der Überwachung und dem Steuern kritischer Infrastrukturen stellt die Notfallkommunikation im Krisenfall eine weitere Wertschöpfungsstufe dar. Das 450 MHz Netz kann als LTE-Netz im Falle eines Stromausfalls für mindestens 72 h genutzt werden. Hierfür ist eine Verwaltung der mobilen Devices erforderlich.

Neben der Notfallkommunikation stellt die Bereitstellung der Dienstleistung an Dritte ein weiteres Anwendungsfeld dar. So kann das 450 MHz Netz von weiteren Marktrollen im EVU genutzt werden. Hier wäre u. a. eine Bereitstellung von 450 MHz an den eigenen iMSB oder Aggregator denkbar. Ebenso können zusätzliche Erlöse durch das Bereitstellen oder die Wartung von Gatewaystandorten übernommen werden. Die Erschließung weiterer Themenbereiche ist an dieser Stelle möglich.

Insgesamt ist festzustellen, dass die bloße Errichtung oder Nutzung des 450 MHz Netzes für eine erfolgreiche Etablierung innerhalb des EVUs nicht ausreicht. Vielmehr sind weitere Themen rund um das Netz, den Betrieb der Endgeräte

und IT sowie weiteren Wertschöpfungsstufen zu unterscheiden. In den hier vor-
gestellten Wertschöpfungsstufen und Themenfeldern handelt es sich um einen
Einordnungsvorschlag der Autoren, welcher beliebig erweitert werden kann.

450 MHz im EVU 4

4.1 Bedarfsfaktoren für 450 MHz im EVU

Da der Aufbau des 450 MHz Netzes in Deutschland noch am Anfang steht und der Zuschlag an die 450connect erst dieses Jahr (2021) erfolgt ist, ist für viele EVU der Bedarf für ein 450 MHz Netz zu prüfen. Damit stellt sich für EVU die Frage, welche Kriterien für die Nutzung des 450 MHz Netzes für das eigene Versorgungsgebiet ausschlaggebend sind. Im ersten Schritt sollte ein EVU für sich klären, um welche Art von Versorger es sich handelt. Hier ist aus Sicht der Autoren zwischen zwei Arten von Versorgern zu differenzieren: städtische Versorger oder Flächenversorger im ländlichen Raum. Bei städtischen Versorgern handelt es sich um EVU, deren Energieinfrastruktur sich vor allem in Städten befindet. Somit besteht eine hohe Versorgungsdichte auf einem kleinen begrenzten Raum. Flächenversorger sind hingegen im ländlichen Raum mit einer geringen Versorgungsdichte in einem großen Versorgungsgebiet tätig. Die Nutzung eines 450 MHz Netzes bietet sich aus Sicht der Autoren vor allem dann an, wenn:

1. die Konnektivität für eine große Versorgungsfläche mit einer hohen Anzahl an Assets sicherzustellen ist und noch keine Technologiealternative genutzt wird. Gleiches gilt im städtischen Bereich, wenn bislang eine geringe Anbindung von Assets erfolgt ist.
2. Verfügt das EVU bereits über ein eigenes LWL-Netz und sind alle kritischen Assets wie z. B. Trafostationen über alternative Kommunikationstechnologien angebunden, ist eine Umrüstung auf 450 MHz allein aus Kostengründen zu hinterfragen. Tendenziell ist dies eher bei städtischen Versorgern, welche oft die Glasfaserinfrastruktur der eigenen Stadt betreiben und ihre Assets

M. Linnemann et al., *450 MHz – Frequenz für kritische Infrastrukturen, essentials*, https://doi.org/10.1007/978-3-658-36538-7_4

in den letzten Jahren mitangeschlossen haben, der Fall. Oft stellt in diesem Fall das perspektivische Anbinden von imSys z. B. mit 450 MHz kein Thema mehr dar, weil bereits Alternativen wie Powerline oder das bestehende Mobilfunknetz eingesetzt werden. Aus dieser Sicht ist der Einsatz eines 450 MHz Netzes nur sinnvoll, wenn das Stadtwerk die eigenen Assets über keine eigene Kommunikationsinfrastruktur, welche die technologischen Mindestanforderungen erfüllen, angebunden hat.

3. Besteht hingegen der Bedarf Konnektivität in der breiten Fläche mit einer hohen Anzahl von anzubindenden Assets herzustellen, wie dies vor allem im ländlichen Raum der Fall ist, dann ist der Einsatz von 450 MHz sinnvoll.

4. Ein weiteres Kriterium, neben der Herstellung der Konnektivität für die Überwachung und Steuerung von kritischen Infrastrukturen, ist die Verfügbarkeit einer eigenen Notfallkommunikation. Verfügt das Stadtwerk zwar über eine ausreichende Konnektivitätsinfrastruktur, aber über keine Infrastruktur zur Notfallkommunikation im Falle eines Blackouts, kann die Nutzung des 450 MHz Netzes sinnvoll sein. Ist hingegen ein eigenes Tetrafunknetz vorhanden, ist ein 450 MHz zur Notfallkommunikation nicht zwingend erforderlich. In diesem Fall würde es lediglich eine zweite redundante (und teure) Notfallkommunikationsinfrastruktur bieten oder die ältere Tetrafunkinfrastruktur ablösen.

4.2 Organisationsaufbau im EVU

Unabhängig von der Beantwortung der Fragestellung, ob 450 MHz eine sinnvolle und notwendige Technologie für das eigene Versorgungsgebiet ist, nehmen die Kommunikationstechnologien für betriebsoptimierende, steuernde und betriebsunterstützende Prozesse in den letzten Jahren innerhalb von EVU zu. Waren es früher noch die klassischen Kabel bzw. kupfergebundenen Fernsteuertechnologien, die für wenige Assets betrieben und verwaltet werden mussten, teils ergänzt um Tetra- oder Mobilfunktechnologien, so nimmt der notwendige Technologiemix in den letzten Jahren deutlich zu. Dass dieser Trend oder die steigenden und neuen Anforderungen, auch im Kontext der Smart City oder Smart Region, in Zukunft stagnieren oder abnehmen wird, ist nicht zu erwarten. Ganz im Gegenteil, die Anforderungen an Stadtwerke an den Betrieb und das Management von Kommunikationsinfrastrukturen vor Ort wird deutlich steigen. Dabei kann ebenfalls davon ausgegangen werden, dass es in der Gesamtbetrachtung der technischen Anforderungen notwendig sein wird, eine Vielzahl an Technologien beherrschen zu können, womit sich auch die Frage nach der organisatorischen Integration in das Unternehmen stellt. Hier kristallisieren sich zwei grundlegende Varianten heraus. Zum einen eine dezentrale Organisation bei der die Verantwortung und der Betrieb einer Technologie der scheinbar sinnvollsten Abteilung übertragen wird (z. B. Telefon/Funktechnik, IT-Abteilung, etc.). Zum anderen der zentralistische Ansatz, bei dem eine Abteilung alle oder mindestens den Kern der kommenden Anforderungen übernimmt. Erstere Variante wird bei einem hohen Technologiemix zu Redundanzen und empfindlich höheren Kosten führen. Dazu stehen für interne wie externe Projekte und Produkte keine klaren Ansprechpartner zur Verfügung. Des Weiteren können die Synergien und Chancen, die sich durch die unterschiedlichen Technologien hin zu einem Technologieagnostischem Ansatz bieten, durch mögliches Silodenken nicht gehoben werden. Es empfiehlt sich also, auch aufgrund der teils hohen Deckungsgleichheit, bei den notwendigen fachlichen Fähigkeiten für den Betrieb und das Management von Kommunikationstechnologien, eine eigene Abteilung oder Geschäftseinheit einzurichten. Um eine hohe Integration und Verflechtung in die anderen Sparten und Infrastrukturbetriebseinheiten sicherzustellen wie auch regulatorische Synergien heben zu können, empfiehlt es sich darüber hinaus, diese im Netz anzusiedeln und Kompetenzen in modernen IT-Technologien zu berücksichtigen.

Mit dem zentralistischen Ansatz bietet sich die Möglichkeit, intern wie extern, unter anderem die folgenden notwendigen Fähigkeiten zu professionalisieren:

- Betrieb und Management einer IoT Plattform, welche die Daten aus den verschiedenen Kommunikationsnetzen bündelt.
- Management und Integration der verschiedenen Kommunikationstechnologien in die IoT Plattform (z. B. LoRaWAN, 450 MHz, 5G, NB-IoT, etc.).
- Management und Monitoring der Assets/Endgeräte.
- Schnittstellenmanagement zur Integration in die Fachanwendungen und Prozesse.
- Unterstützung in internen Projekten und der Produktentwicklung vom Sensor bis zur Anwendung.
- Werden Netze selbst Betrieben, kann auch das Netzmanagement und, wenn nicht in anderen bestehenden Betriebseinheiten integrierbar, der operative Netzbetrieb und Monitoring durch eine solche Abteilung erfolgen.

Sollen zur Digitalisierung der eigenen Infrastrukturen und als Basis für Anwendungen in der Smart City oder Smart Region, digitale Infrastrukturen betrieben werden, sind diese Aufgaben unerlässlich und zu gleich ein großes Potential, das eigene Aufgabengebiet in der Kommune gewinnbringend zu erweitern.

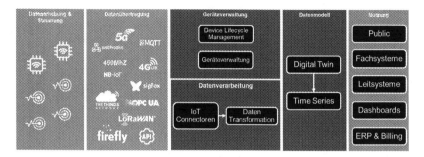

Abb. 4.1 Beispiel einer 450 MHz IT-Architektur

4.3   IT-Architektur

Die Kernaufgabe von Funknetzen und Funktechnologien ist die Bereitstellung, Nutzung und Verarbeitung von Informationen. Dies gilt auch für 450 MHz. Aus diesem Grund müssen die Informationen dort bereitgestellt und genutzt werden können, wo die Fachabteilungen im Unternehmen diese benötigen. Daher ist eine IT-Architektur erforderlich, welche die Informationen aus dem 450 MHz Netz entgegennimmt, weiterverarbeitet und der Fachabteilung in den jeweiligen Fachprozessen auf Anwendungsebene zur Verfügung stellt (vgl. Abb. 4.1).

Ausgangspunkt stellen die 450 MHz Endgeräte und die Gateways dar, welche das 450 MHz Funknetz bilden. Das 450 MHz Netz übernimmt die Aufgabe des Übertragungsweges, um die Daten der Endgeräte dem EVU bereitzustellen. Die Übertragung der Informationen erfolgt an eine IoT Datenplattform. Die IoT Plattform dient zur Speicherung und Aufbereitung der Daten, wobei sie nicht nur die Informationen aus dem 450 MHz Netz nutzt, sondern auch verschiedene Informationen weiterer Konnektivitätstechnologien bündelt. Die verschiedenen Informationen können in der IoT Plattform miteinander verschnitten und den Fachanwendungen wie z. B. der Netzleitstelle, dem ERP-System oder einer GIS-Software[1] zur Verfügung gestellt werden. Die Architektur verfolgt somit einen IT-basierten Ansatz, bei dem die Informationen aus den Konnektivitäts-Netzen in einer IoT Plattform zentral verarbeitet werden. Ein OT-basierter Ansatz würde hingegen eine direkte Integration aller Daten in die Netzleitwarte verfolgen und die Architektur im Umfeld der Sprachübertragung ist gänzlich unterschiedlich

---

[1] GIS: Geoinformationssystem zur Verarbeitung raumbezogener Daten.

aufgebaut, da es sich um keinen IT-basierten Ansatz handelt. Die iMSys Integration ist durch das Sicherheitskonzept vorgegeben und wird durch den GWA gestellt und unterlegt entsprechenden Marktprozessen und Regelungen.

Fazit 5

Insgesamt ist für das Thema 450 MHz in der Energiewirtschaft festzuhalten, dass ein hohes Anwendungspotential besteht. Durch die Möglichkeit, eine eigene Funkfrequenz für eine sichere Anbindung der eigenen kritischen Infrastrukturen nutzen zu können, können EVU der Transformation des eigenen Energieversorgungsnetzes hin zu einem Smart Grid deutlich näherkommen. Allerdings ist die Nutzung von 450 MHz nicht für alle EVU geeignet. Gerade für städtische Netzbetreiber, welche bereits ein eigenes Tetrafunknetz zur Notfallkommunikation betreiben und die meisten kritischen Assets bereits über ein eigenes Glasfasernetz angebunden haben, dürfte die Technologie weniger interessant und eher als eine zusätzliche Redundanz anzusehen sein (vgl. Abschn. 4.1).

Durch die guten technologischen Eigenschaften der Flächenausleuchtung und Gebäudedurchdringung eignet sich 450 MHz exzellent für die Anforderungen der Netzbetreiber zur Anbindung intelligenter Messsysteme, kritischen Assets und der Durchführung von Schalthandlungen. Durch den hohen Energiebedarf im Gegensatz zu LPWAN Netzen ist 450 MHz jedoch nicht für sämtliche Anwendungsfälle geeignet. Gerade in Anwendungsfällen, welche eine batteriebetriebene Sensorik benötigt wird, ist 450 MHz die falsche Wahl. Vielmehr können Alternativen wie z. B. LoRaWAN oder NB-IoT genutzt werden (vgl. Abschn. 2.4).

Somit ist festzuhalten, dass 450 MHz auf LTE-Basis aufgrund seiner technologischen Restriktionen kein Allheilmittel zur Vernetzung sämtlicher Assets ist. Auch unter dem Aspekt der anfallenden Kosten kann die Wahl für bestimmte Anwendungsfälle auf eine andere Kommunikationslösung fallen. Werden z. B. die Daten eher für eine historische Analyse und nicht zur Echtzeitüberwachung und -steuerung benötigt, können LPWAN-Netze eine Alternative darstellen. Aus diesem Grund ist davon auszugehen, dass EVU zum Betrieb ihrer Energieversorgungsnetze (in Zukunft) nicht nur ein Funknetz, sondern mehrere Übertragungstechnologien nutzen werden. 450 MHz reiht sich in den potentiellen

M. Linnemann et al., *450 MHz – Frequenz für kritische Infrastrukturen, essentials*, https://doi.org/10.1007/978-3-658-36538-7_5

Konnektivitätsmix, mit dem Fokus auf die Anbindung und Steuerung kritischer Infrastrukturen, ein. Allerdings bietet 450 MHz, wie bei allen anderen Funktechnologien auch, keine 100-prozentige Ausfallsicherheit und Verfügbarkeit. Zwar hat das Netz einen strategischen Vorteil im Falle eines Blackouts durch die 72 h Verfügbarkeit, allerdings kann das Netz, wie jedes andere Funknetz auch, durch Angriffe von außen gestört werden. EVU, welche eine maximale Sicherheit präferieren, müssen ihre kritischen Assets über ein eigenes kabelgebundenes Telekommunikationsnetz redundant anbinden.

In welchen Bereichen sich 450 MHz schwerpunktmäßig durchsetzen wird, bleibt vorerst abzuwarten und dürfte auch von der Geschwindigkeit und Qualität der Netzabdeckung in Deutschland abhängen. Der Aufbau des Netzes steht gerade noch am Anfang und wird mehrere Jahre in Anspruch nehmen. Auch ist die aktuell geplante Anzahl von 1600 Gatewaystandorten kritisch zu hinterfragen. Der Aufbau des Digitalfunks hat gezeigt, dass in der Praxis oft mehr Funkstandorte als in der Theorie benötigt werden. Sollte die Geschwindigkeit der Energiewende im Energieversorgungsnetz weiter zu nehmen, wie es beispielsweise rund um die Steuerung der Elektromobilität der Fall ist, und 450 MHz noch nicht zur Verfügung stehen, muss über den Einsatz von Brückentechnologien nachgedacht werden. Gerade in diesem Punkt wie auch in der Geschwindigkeit der Entwicklung des Hardwaremarktes besteht ein hoher Unsicherheitsfaktor. Zum aktuellen Zeitpunkt steht einem EVU ein nur kleines Sensor- und Geräte-Ökosystem zur Verfügung, welches sich in den nächsten Jahren noch entwickeln muss. Insgesamt ist 450 MHz im Kontext der Energiewirtschaft als positiver Baustein zur Transformation des Energiesystems zu bewerten. Die Entwicklung hin zu einem Smart Grid kann mit 450 MHz nun aktiv und verlässlich angegangen werden. Durch die guten technologischen Eigenschaften, die hohe Verfügbarkeit sowie Begrenzung des Einsatzgebietes für kritische Infrastrukturen haben EVU ein wichtiges zusätzliches Werkzeug an der Hand, welches zur Sicherstellung der Aufgabe der Daseinsfürsorge im Zuge der Energiewende aktiv unterstützt.

Was Sie aus diesem *essential* mitnehmen können

- Ein Verständnis zu den historischen, energiewirtschaftlichen Hintergründen rund um 450 MHz
- Ein technologisches Verständnis rund im die 450 MHz Frequenz und im Verhältnis zu anderen Technologien
- Eine Idee möglicher Anwendungsfelder zur Nutzung der 450-MHz-Frequenz und Integration in das eigene EVU
- Ein Verständnis der Wertschöpfungskette
- Ansatzpunkte für eine potentielle IT-Architektur zur Integration von Daten aus 450-MHz-Netzen
- Verständnis auf die Auswirkungen auf den Organisationsaufbau innerhalb eines EVU

© Der/die Herausgeber bzw. der/die Autor(en), exklusiv lizenziert durch
Springer Fachmedien Wiesbaden GmbH, ein Teil von Springer Nature 2022
M. Linnemann et al., *450 MHz – Frequenz für kritische Infrastrukturen*,
essentials, https://doi.org/10.1007/978-3-658-36538-7

Literatur

1. Hirsch C (2015) Fahrplanbasiertes energiemanagement in smart grids. Scientific Publishing, Karlsruhe, S 2–6
2. Bundesministerium für Wirtschaft und Energie (2016) Baustein für die Energiewende: 7 Eckpunkte für das „Verordnungspaket Intelligente Netze". https://www.bmwi.de/Redaktion/DE/Downloads/E/eckpunkte-fuer-das-verordnungspaket-intelligente-netze.pdf?__blob=publicationFile&v=1. Zugegriffen: 4. Juni 2021
3. items GmbH (März 2021) Die 450 MHz Frequenzvergabe – Der Weg der Technologie für kritische Infrastrukturen. https://itemsnet.de/itemsblogging/die-450-mhz-frequenzvergabe-der-weg-der-funktechnologie-fuer-kritische-infrastrukturen/. Zugegriffen: 4. Juni 2021
4. Bundesministerium für Justiz und Verbraucherschutz (Dezember 2020) Gesetz für den Ausbau erneuerbarer Energien (Erneuerbare-Energien-Gesetz – EEG 2021). https://www.gesetze-im-internet.de/eeg_2014/EEG_2021.pdf. Zugegriffen: 4. Juni 2021
5. BSI (Mai 2021) Technische Eckpunkte für die Weiterentwicklung der Standards. Cyber-Sicherheit für die Digitalisierung der Energiewende. https://www.bsi.bund.de/SharedDocs/Downloads/DE/BSI/SmartMeter/technische_eckpunkte.pdf;jsessionid=900A2765C667A4614C7BEEA8CAD0A9F0.internet471?__blob=publicationFile&v=5. Zugegriffen: 4. Juni 2021
6. Bundesministerium für Justiz und Verbraucherschutz (Dezember 2020) Gesetz über den Messstellenbetrieb und die Datenkommunikation in intelligenten Energienetzen (Messstellenbetriebsgesetz – MsbG). https://www.gesetze-im-internet.de/messbg/MsbG.pdf. Zugegriffen: 3. Juni 2021
7. Versorger-Allianz (n. d.) Startseite Versorger-Allianz. https://www.versorger-allianz-450.de/. Zugegriffen: 4. Juni 2021
8. Bundesministerium für Justiz und Verbraucherschutz (Juni 2017) Verordnung zur Bestimmung Kritischer Infrastrukturen nach dem BSI-Gesetz (BSI-Kritisverordnung – BSI-KritisV). https://www.gesetze-im-internet.de/bsi-kritisv/BSI-KritisV.pdf. Zugegriffen: 4. Juni 2021
9. Zfk (März 2021) 450connect erhält Zuschlag. https://www.zfk.de/digitalisierung/smart-city-energy/450connect-erhaelt-zuschlag. Zugegriffen: 2. Juni 2021

10. Energieagentur NRW (2021) Möglichkeiten der digitalen Infrastrukturen für die Energiewende. https://www.energieagentur.nrw/energiewirtschaft/energiewirtschaft/qr213. Zugegriffen: 31. Mai 2021
11. TU Dortmund (2020) 5G, LoRaWAN und 450 MHz – Status Quo und weitergehende Fragestellungen. Vortrag des Lehrstuhls für Kommunikationsnetze
12. Linnemann M, Sommer A, Leufkes R (2019) Einsatzpotentiale von LoRaWAN in der Energiewirtschaft. Springer Vieweg, Wiesbaden
13. Bundesnetzagentur (November 2020) Entscheidung der Präsidentenkammer der Bundesnetzagentur für Elektrizität, Gas, Telekommunikation, Post und Eisenbahnen vom 16. November 2020 über die Anordnung und Wahl des Verfahrens zur Vergabe sowie zu den Festlegungen und Regeln im Einzelnen (Vergaberegeln) und über die Festlegungen und Regelungen für die Durchführung des Verfahrens (Ausschreibungsregeln) von Frequenzen in dem Bereich 450 MHz für den Drahtlosen Netzzugang. https://www.bundesnetzagentur.de/SharedDocs/Downloads/DE/Sachgebiete/Telekommunikation/Unternehmen_Institutionen/Frequenzen/OffentlicheNetze/450MHZ/Praesidentenkammerentscheidung450MHz.pdf;jsessionid=5A7EB0338660B7C829C68023A4E9E792?__blob=publicationFile&v=2. Zugegriffen: 4. Juni 2021
14. Bundesministerium für Justiz und Verbraucherschutz (Mai 2021) Gesetz über die Elektrizitäts- und Gasversorgung (Energiewirtschaftsgesetz – EnWG). https://www.gesetze-im-internet.de/enwg_2005/EnWG.pdf. Zugegriffen: 31. Mai 2021
15. 450connect (2021) Technologische Lösung: 450MHz-Funknetz. https://www.450connect.de/450mhz-funknetzplattform/technologie. Zugegriffen: 1. Juni 2021
16. BNetzA (März 2021) Erfolgreiche Bewerbung der 450connect GmbH. https://www.bundesnetzagentur.de/SharedDocs/Pressemitteilungen/DE/2021/20210309_450Mhz.html;jsessionid=215C7511717CFBA0EBCDC96695559377?nn=267872. Zugegriffen: 22. Juni 2021
17. 450connect (2021) 450 MHz Global Standard. https://www.450connect.de/450mhz-global-als-mobilfunkband-standardisiert?s=&cat=10. Zugegriffen: 22. Juni 2021
18. Doleski O, Aichele C (2013) Smart Meter Rollout. Praxisleitfaden zur Ausbringung intelligenter Zähler. Springer Vieweg, Wiesbaden, S 390
19. Telecom Infra Project (n. d.) OpenRAN. https://telecominfraproject.com/openran/. Zugegriffen: 20. Juli 2021
20. Bundesnetzagentur (2021) 450 MHz. https://www.bundesnetzagentur.de/DE/Sachgebiete/Telekommunikation/Unternehmen_Institutionen/Frequenzen/OeffentlicheNetze/450MHz/450MHz-node.html. Zugegriffen: 20. Juli 2021
21. 450connect (2021) 450 MHz Herausforderungen. https://www.450connect.de/450mhz-funknetzplattform/herausforderungen. Zugegriffen: 19. Juli 2021
22. Bundesamt für Katastrophenschutz (n. d.) Kritische Infrastrukturen. https://www.kritis.bund.de/SubSites/Kritis/DE/Einfuehrung/einfuehrung_node.html. Zugegriffen: 15. Juli 2021
23. 450connect (2021) Blackout: Zuverlässige Kommunikation im Schwarzfall. https://www.450connect.de/blackout. Zugegriffen: 19. Juli 2021
24. items GmbH (2019) LoRaWAN & 450 MHz ein Duo mit Zukunft? https://itemsnet.de/blogging/lorawan-450connect-ein-duo-mit-zukunft/. Zugegriffen: 14. Juli 2021
25. 450connect (2021) 450 MHz-Funknetzplattform. https://www.450connect.de/450mhz-funknetzplattform/herausforderungen. Zugegriffen: 14. Juli 2021

26. Brockmann R (2020) Digitalisierung in der Energieversorgung; Wirtschaftliche und technische Betrachtung des Einflusses der Digitalisierung auf Energienetzbetreiber
27. Fiber Optics Herres (n. d.) Temperaturfaser/Glasfasersensoren für den Einsatz in Transformatoren. https://www.fiber-optics.de/produkte/temperaturfaser/. Zugegriffen: 20. Aug. 2021
28. WDR (2019) Digitaler Polizeifunk – Funklöcher in mehr als 180 Bahnhöfen deutschlandweit. https://presse.wdr.de/plounge/wdr/programm/2019/11/20191122_digitalfunk_polizei.html. Zugegriffen: 20. Aug. 2021
29. Computerwoche (April 2020) Was versteht man unter IaaS, PaaS und SaaS? https://www.computerwoche.de/a/was-sie-ueber-die-cloud-wissen-muessen,2504589,2. Zugegriffen: 20. Aug. 2021
30. 450connect (2021) Über uns. https://www.450connect.de/ueber-uns. Zugegriffen: 18. Aug. 2021
31. 450connect (2020) Energieversorgerverständigen sich auf 450-MHz-Joint Venture. https://www.450connect.de/wp-content/uploads/2020/05/PM-Lang-25Mai2020.pdf. Zugegriffen: 18. Aug. 2021
32. 450connect (2021) Kunden und Partner. https://www.450connect.de/kunden-und-partner. Zugegriffen: 18. Aug. 2021
33. 3GPP (n. d.) Specification #: 35.215. https://portal.3gpp.org/desktopmodules/Specifications/SpecificationDetails.aspx?specificationId=2395. Zugegriffen: 29. Aug. 2021

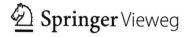

Marcel Linnemann

Energiewirtschaft für (Quer-)Einsteiger

Einmaleins der Stromwirtschaft

EBOOK INSIDE

Springer Vieweg

Printed in the United States
by Baker & Taylor Publisher Services